张昌龙◎编著

七分做人的智慧 三分做事的细节

第2版

会做人不会做事的是愚蠢的聪明人　会做事不会做人的是机灵的傻子
既会做人又会做事的才是真正的高手

U0896883

中国纺织出版社

内 容 提 要

做人是立身处世的关键要素，会做人，你的人生之路无疑会宽广很多。善做事，你才能脱颖而出、步步高升，达成自己的人生目标。

本书对人们行走社会必须具备的做人做事的智慧进行了全面的归纳和总结，结合诸多成功人士的故事，详尽阐述了做事与做人的重要规则、方法和技巧，让你做人大受欢迎，做事事半功倍。无论你是刚走出校门的学子，还是久经磨炼的社会精英，都可以在本书中受到启发，获得实实在在的帮助，让自己的人生少走一些弯路，更快地实现人生价值。

图书在版编目（CIP）数据

七分做人的智慧　三分做事的细节 / 张昌龙编著
. -- 2版. -- 北京 ： 中国纺织出版社，2017.6（2022.1 重印）
ISBN 978-7-5180-3225-9

Ⅰ.①七…　Ⅱ.①张…　Ⅲ.①成功心理—通俗读物
Ⅳ. ①B848.4-49

中国版本图书馆CIP数据核字（2017）第018202号

责任编辑：闫　星　　特约编辑：薛丹丹　　责任印制：储志伟

中国纺织出版社出版发行
地址：北京市朝阳区百子湾东里 A407 号楼　邮政编码：100124
销售电话：010—67004422　传真：010—87155801
http：//www.c-textilep.com
E-mail：faxing@c-textilep.com
中国纺织出版社天猫旗舰店
官方微博http：//weibo.com/2119887771
佳兴达印刷（天津）有限公司印刷　各地新华书店经销
2014年3月第1版　2017 年 6 月第 2 版　2022 年 1 月第 7 次印刷
开本：710×1000　1/16　印张：16.5
字数：220千字　定价：48.00 元

凡购本书，如有缺页、倒页、脱页，由本社图书营销中心调换

第2版前言

《红楼梦》中有句话：“世事洞明皆学问，人情练达即文章。”“世事洞明”讲的是懂道理，说的是为人；“人情练达”讲的是明事理，说的是处世。做人与做事密切关联、相辅相成，两者不可偏废。不会做事，做人无从谈起；不会做人，做事南辕北辙。

人的一生无非要用自己的实际行动回答两个问题：一是如何做人；二是如何做事。一个人不管有多聪明，多能干，条件有多好，如果不懂得如何做人、做事，那么他最终的结局肯定是失败。很多人之所以一辈子都碌碌无为，就是因为活了一辈子都没有弄明白该怎样去做人做事。

“做事先做人”这句话是很有道理的。因为只有一个人做人成功了，他才能有机会获得事业上的成功；相反，一个人如果做人失败了，那么即使他把事情做得很漂亮，即使从表面上看来很风光，但到头来他仍然是一个失败者。

我们生活在一个现实的社会，一些人和事，你根本无法改变的，这个时候就需要改变自己，努力让自己适应这个社会。如果不想处处碰壁，你就必须懂得一些人情世故，掌握一些交际礼仪和沟通技巧，适时宜地“来事”，灵活地处世。

人的智力本无太大差异，为什么有的人成功，有的人失败？做人做事做到位是成功者谋定一生的真本领。三分做事，给了世人以一个有形的框架，让旁人清楚地看到你的是非对错；七分做人，填满空旷的框架，人生才会无懈可击，得到满分。

以出世的态度做人，以入世的态度做事，集做人做事做到位经验之大成，教你把握做人的分寸和做事的火候。

本书以为人作题，以办事为眼，将做人寓于做事之中，通过一件件具体的事情来阐述做人的道理和做事的方法。本书是一把开启事业与人生成功的钥匙，不仅带给读者解读人心的意外惊喜，而且带给读者说话办事的实用策略和为人处世的深刻道理。内容古今兼用，中外融通，多侧面、多角度、多层次地揭示为人这个主题，阐述了现代人立足社会为人处世应当掌握的技巧和策略。

本书在再版的过程中对部分案例进行了调整，增加了社交处世方面新的内容，希望读者朋友从中收获更多。

编著者

2017年7月

目　录

第一章

做人的原则：与人为善，胸怀坦荡

在生活中，不论是做人，还是做事，一定要有自己的原则。与人为善、胸怀坦荡，这样，一个人才会更有魅力，也才会更受欢迎。一个心怀善念的人，为人必然光明磊落，做事必然一诺千金。和这样的人无论是做朋友，还是工作往来，都会非常放心，因为他们常常把自己的名誉看得比生命还要重要。那么，在日常生活中，我们该怎样贯彻落实做人的原则，做到与人为善、胸怀坦荡呢？

人格魅力在于修炼

冰冻三尺非一日之寒。同样，人格魅力的形成也绝非一朝一夕的事。一般来说，那些有独特人格魅力的人，大多是对自己要求比较严格的人，在日常工作和生活中，除了非常注意自己的外在形象外，更加注重对自己内在气质的提高和涵养的提升。由此可见，我们只有在平时内外兼修，严格要求自己，才会修炼出独特的人格魅力。

蕊蕊的表姐是一家外企的高管，亲戚朋友都说她是个非常有魅力的人。的确，表姐虽然相貌普通，但却很有气质，而且穿衣打扮非常得体，再普通的衣服经她一搭配，犹如重获生命，立刻有了不一样的韵味。

更重要的是，表姐为人谦和，蕊蕊从来没听说表姐跟人吵过架，红过脸。蕊蕊所见到的表姐，不管任何时候都是笑盈盈的，举手投足间散发出成熟女人的魅力，言谈举止中有着掩饰不住的自信。

蕊蕊也想成为表姐那样的女人，自信、独立、优雅、受人欢迎，可具体该怎么做呢？蕊蕊犯难了，穿衣打扮还好说，学学就会了，可是这气质，好像不是一天两天能学得来的。

看来只能向表姐请教了。蕊蕊决定当面取经。

表姐很忙，不断有人来找她，但蕊蕊发现，不管来的是经理，还是普通员工，表姐说话都非常客气，而且脸上始终带着迷人的微笑。

终于，表姐忙完了。蕊蕊不好意思地说明了来意，谁知表姐一听就笑了：“傻丫头，我哪有你说得那样好啊？只不过生性乐观一些，对什么事都看得比较开罢了！”

蕊蕊不解地说："我也很乐观啊，但怎么没人说我有魅力啊？"

表姐笑了："当然也不光是乐观了，还要善良，对别人要宽容，有自己独立的思想，为人处世要有原则、有底线！"

蕊蕊惊讶地说："就这些啊，听起来也不难啊，很多人都有这些优点。"

表姐笑着说："你说得很对，这些做起来是不难，但是你要把它作为自己的生活准则执行下去，不管碰到什么人，遇到什么情况都坚持这样做才可以。"

蕊蕊苦着脸说："好难哦，如果遇到不讲理的人怎么办，也要宽容吗？"

表姐笑着说："你说呢？其实你只要凡事看开了、想开了，真的不难。还有，你一定要有一份能养活自己的工作，因为经济独立的女人在别人眼中才最美。"

听完表姐的一番话以后，蕊蕊终于明白了，原来优秀的女人是这样炼成的。她相信，只要按表姐说的去做，有朝一日自己也能成为像表姐那样的女人。

故事中的蕊蕊很羡慕表姐，因为表姐是亲戚朋友公认的有人格魅力的女人。蕊蕊很想成为像表姐那样的人，迷人、优雅、受人欢迎，但是她不知道该怎么做，于是她去向表姐求教，在听了表姐深入浅出的教导之后，蕊蕊恍然大悟，终于找到了奋斗的方向。世上无难事，只怕有心人，只要肯努力，就没有办不成的事，想拥有迷人的魅力也一样。那么，我们如何才能修炼出独特的人格魅力呢？

1.穿衣打扮要有品位

要根据场合选择最能凸显自己风格的衣服，不需要昂贵，但搭配要合理，不能上半身小西服，脚上却不合时宜地穿一双运动鞋。就算想表现自己的与众不同，也不能采取这种方式。

2.言谈举止要得体

与别人交谈时，要用心聆听，多给他人说话的机会。对他人所谈论的话题即使不感兴趣，也不要轻易打断，要学会巧妙地转移话题。在公众场合，要给别人留足面子，不随便提一些别人不想回答或者难以回答的问题。在听别人讲话的时候，要全神贯注，不做与交谈无关的事。注视他人时，目光要真诚友善。

3.有自己独立的思想

对日常生活中发生的人和事，有自己独特的见解和合适解决的方法。在团体中，不做应声虫，人云亦云，有好的想法不怕别人耻笑，敢于大胆地说出来。做工作有自己的一套方式方法，既适合自己，效果又非常好。懂得生活、工作之余培养各种各样的爱好，放松自己的同时，也让自己的能力不断提升。

4.为人正派有亲和力

为人正直，有正义感。做人光明磊落，从不在背后搞小动作，使人难堪。表里如一，让身边的人信赖自己。同时，说话做事非常有分寸，坚持原则，但又不死抠着原则不放，让人感觉很容易接近，很有亲和力。

善良是人性的根本

一个心地善良的人，就算没有很高的学识、能力、财富，也一样会得到他人的认同。因为，善良是人性的底色。如果我们在与人交往时，时时刻刻只考虑自己的利益，而不管别人的死活最后只能成为人人厌恶的失败者。

祖谕是公司新招的业务员。据说面试完以后，就连总公司经理都对他赞赏有加，还破例把他的试用期从三个月降到一个月，这在这家公司的历史上还是头一回。所以，当听到新员工要来报到的消息时，公司上下都想亲眼看一下这位年轻人。

祖谕的出现果然没有令大家失望，因为他不但长相英俊潇洒，而且口才非常好，说话幽默诙谐，妙语连珠。更难得的是，祖谕言谈举止总是彬彬有礼。

但好感归好感，在一个以业绩论成败的行业，如果没有骄人的业绩是很难服众的。祖谕不怕，反正到时候公司只看结果，不看过程，只要自己想方设法让客户签了合同，然后把钱拿到手就可以了，至于客户那边，反正客户总要用到这些东西的，不买我们公司的，也要买其他公司的，还不如让他们一次多买一点，自己也好完成任务。

这样想过之后，祖谕开始大刀阔斧地干了起来。凭借着他的口才和公司过硬的产品品质，祖谕很快就签了几十单合同，并收回了全部货款。

有了业绩，祖谕渐渐在公司站稳了脚跟。虽然经常有客户投诉他，说他吃回扣，但在公司里祖谕一个人能顶三个人，况且，他吃的回扣数目也不算太多，所以，公司经理暂时还不打算动他。再说，谁年轻的时候没犯过错误。

渐渐地，祖谕依仗着自己是公司的功臣，胃口竟越来越大，不但公然向客户索要好处，还窃取公司的客户资料，经常撬其他业务员的订单。后来，祖谕甚至在货款合同上做手脚，自己拿着几百万货款逃跑了，使公司不但在同行业中失去了信誉，而且蒙受了巨大的经济损失。

公司总经理听到这个消息后，下了一道命令：不管能力有多强，人品不合格，概不录用。

故事中的祖谕，相貌英俊，口才好，能力强，可以说是一个非常有前途的青年。但他却利用别人对他的好感，耍小聪明，在完成任务的过程中，不择手段，损人利己，最后导致在错误的道路上越走越远，无法回头。由此可见，就算一个人外部条件再优秀，如果丢失了善良的本色，终将害人害己。那么，日常生活中，我们该怎样做才能不丢失人性的根本呢?

1.知足并懂得感恩

对拥有的一切懂得满足，因为比起那些不幸的人，我们已经过得很好了。而且，只要我们快乐地生活，心怀善念，经常想着别人的好，全心全意地帮助别人，那么，当我们遭遇困难的时候，别人也会伸出援手。欣然接受生活赐予我们的一切，不管是欢乐，还是痛苦，我们都要学着感恩。

2.不嫉妒别人

允许别人长得比自己漂亮，比自己成绩好，比自己家境富裕，比自己职位高，比自己能力强……生活中，正是因为有了比较，我们才会发现自己的不足，也正是因为存在各种各样优秀的范例，我们才会有奋斗的目标。所以，对于他人的优秀，我们在发自内心报以掌声的同时，还必须要有正确的认识，不嫉妒别人、不诋毁别人。

3.得饶人处且饶人

对于他人无端的发难，我们可以适当地给他们教训，让他们知错即可，不能得理不饶人。尤其是别人已经认错了，并且所作所为并没有对我们造成太大的伤害，我们一定要得饶人处且饶人，不要老揪着人家的错误不放。况且，这样做也有违我们善良的本性。

4.有一颗恻隐之心

尽自己的能力去安慰和帮助别人，帮别人分担忧愁。当然，善良不是没有原则的，一定要在自己能承受的范围之内，再去帮助别人，而不能不自量力，这样不但帮不了别人，反而会害了自己。

视名誉如同自己的生命

法国思想家、文学家罗曼·罗兰说："荣誉比生命更宝贵。"的确，在现代社会中，如果拥有了一个好名声、好口碑，也就拥有了一大笔无形的资产，这是花多少钱都买不到的。

志良是一家广告公司的老总，也是我多年的好朋友。这些年，我可以说是看着他一步一步从一穷二白，发展到拥有不小规模的一家公司。更让人惊奇的是，他的公司虽然规模不大，但是名气却很大，这就让我有些不明白了。

正巧那天，我办事经过他们公司，被他撞见，他约我中午和他一起吃饭。

我们边吃边聊，由于志良是一个人来的。于是，我迫不及待地向他说出了心中的疑问。

听完之后，志良打趣地说："既然你那么好奇，我就全部告诉你吧，反正也不是什么秘密，免得你天天想得睡不着觉。其实，我之所以能做到现在这样，是因为我一直牢牢记着一句话‘一个人有了好名声，就等于有了一大笔财产’，这就是我成功的秘诀。”

我明白了，名声就是我们在社会中赖以生存和发展的根基，有些人之所以成功，只是因为他比别人的名声好了一点，就像志良一样。看来，名声有时候的确比生命还要重要。

故事中的志良能白手起家，很多人都对他成功的秘诀感到很好奇，但是他只是轻描淡写地说：一个人有了好名声，就等于有了一大笔财产。由此可见，好名声的重要性。那么，我们该如何获得好名声呢？

1.答应别人的事尽量做到

答应别人的事，就应该说到做到。怎么和别人说的就应该怎么做，而不能在做的过程中应付，否则一旦被他人发觉必然失名毁誉。总之，要说话算数，让别人觉得我们可以信赖，有责任感。

2.和别人见面要准时

生活中经常有这样的情况，与人约好下午两点见面，对方已经提前到了，而自己却还在路上。打电话说半个小时就到了，别人估计得等上一个小时；说10分钟就到了，别人可能最少也得等上半个小时。终于等到见面了，已经耽误了别人不少时间，人家嘴上虽然不说什么，但心里一定在想，连时间都不遵守的人做事能靠得住吗？

3.做不到的事不随口承诺

有时候，别人相求之事情，可能超出了自己的能力范围，有些人碍于面子打肿脸充胖子，明明事情办不下来，或者要费不少周折，却仍要答应下来。自己办不到的事情，硬要答应别人，耽误人家的事不说，还把自己弄得骑虎难下，很被动。

待人接物的态度体现修养

判断一个人到底有没有修养，其实不需要对这个人非常了解。有时候，我们可以通过观察一个人接人待物的态度，来初步断定这个人的修养。真正有修养的人，不论面对什么样的人，态度都是谦和有礼的，不会因为他人身份地位的不同而区别对待；而缺乏修养的人，则常常看人下菜碟，态度因人而异。

王光和李逍是一起进公司的。王光平时比较大大咧咧，不修边幅，而且爱和同事开玩笑，同事们都笑他是“长不大的小孩”，他听了居然也不介意，好像还很享受。

李逍和王光则完全不同。李逍性格比较沉稳内向，对自己的外表非常在意，在公司从来不穿休闲装，一直都是得体的西装，也不和同事开玩笑，同事们都说李逍天生就是当领导的料。

王光和李逍住同一间宿舍，因此两个人也算是好朋友。每次王光的哥们叫王光出去，王光都要拉上李逍，李逍每每拗不过王光软磨硬泡，便硬着头皮去了。去了之后，王光和他的哥们唱歌喝酒，叫李逍一起喝，李逍却一再婉拒，说自己酒精过敏，大家听了也就不好再勉强李逍。

闹罢回到宿舍，李逍好像一副很不高兴的样子，王光关心地问他怎么了，李逍气冲冲地说：“你那都是些什么朋友，就知道一个劲儿地劝我喝酒，你也是，也不替我说两句。”

王光一听笑了：“还以为你怎么了呢，原来是为这个生气啊！你别放在心上，他们和我一样都是粗人，说话不懂得拐弯抹角，觉得你是我的朋友，所以对你格外热情。”

李逍说：“我看他们就是在故意为难我。”

王光解释说：“怎么会呢，他们那些人我非了解，虽然都不如你有修养，但绝对是好孩子，没有恶意的。”

李逍从鼻孔里哼了一声：“是吗？”

王光夸张地说：“当然，我向毛主席保证，我们都有一颗红心。”

李逍一听这才笑了，这件事总算告一段落了。但事后王光想不明白，同事们都说李逍比他有修养，他也承认，但自从发生那件事之后，他心里一直很不舒服，对所谓的修养更是产生了深深的怀疑。

故事中的王光和李逍可以说是个性截然不同的两个人，一个外向，一个内向，一个不修边幅，一个非常重视自己的外表，一个逢人便开玩笑，一个则出言谨慎。单以上面的条件来看，似乎是李逍更有修养，同事们也这样评价，但事实真是这样的吗？真正的修养不在于外表，而是发自内心的。一个人如果连宽容理解别人都做不到，又何谈有修养呢？说到如何把修养从我们的态度上体现出来，这里面可有不少学问。

1.宽容大度，不跟别人计较

生活中，难免会与人发生磕磕碰碰。这时候，我们一定要谨记：忍一时风平浪静，退一步海阔天空。把利益的天秤稍微向对方那边倾斜，让对方感觉自己没吃亏，事情也就平息了。与其跟人争，还不如抓紧时间去挣。

2.说话时注意把握语气语调

和别人说话的时候，一定要掌握好说话的语气语调，根据说话对象的不同，可以适当地做一些调整。但有一些宗旨是不能变的，不管什么时候，面对什么人，语气不能过分生硬，不能用命令式的口吻跟别人说话。而且，说话的过程中，语调要注意尽量平缓，不能过低也不能太高，避免让人觉得不舒服，继而心存偏见。

3.说出的话要让人听着顺耳

说话之前要三思，既要考虑对方的面子，也要让对方明白我们的意思。尽量把一些不好的话，诸如批评、责备的话，说得委婉含蓄一些，尽量不要让对方难堪，尊重他人的自尊心。伤了别人的自尊，就相当于无形中给自己树立了一个敌人。

4.交往时要注意态度端正

不能什么场合都嘻嘻哈哈，但也不能始终板着一张脸。跟朋友和客户交往的时候，态度要亲切友好。而当他人有意冒犯时，态度必须非常严肃，务必要让别人认识到事情的严重性。总之，要根据所处的场合、所遇到的事情，表现出恰如其分的态度，既不能让别人觉得难以沟通，也不能让别人认为我们很软弱。

把握面子问题，活出自己的个性

每个人都有一种争强好胜的信念，不管他最终是否付诸行动，但“活着就要争一口气”的想法始终都不能轻易抛弃。

面子问题的确不能轻看。把面子问题看轻了，不是脊梁断了，就是骨里缺钙，就会为人所不齿。晏子使楚，楚王让他以“狗门”入，意欲羞辱，不料晏子却以一句“出使狗国，方能从狗门入”的话反向羞辱了楚王，这不仅保全了自己的面子，更重要的是保全了齐国的尊严。

然而，在现实生活中，我们也不能把面子问题看得太重了。在不该爱面子的时候爱面子，往往会给自己带来很大的麻烦。

许多人在日常生活中，一定都有过类似的念头：“早知道不答应他就好了！不然，现在我也不用弄得这么累，甚至还吃力不讨好！”或者是“当初我实在应该拒绝他的，可是我为什么就是说不出口呢？”

为什么不能主动拒绝别人呢？无疑是“爱面子”的心理在作怪。

有个年轻男子在订婚典礼后，方才发现自己并不深爱他的未婚妻，可是他不愿意成为一个背信弃义的人，也害怕别人会认为他是一个欺骗女人感情的负心汉，因此他不但没有解除婚约，还迎娶了他的未婚妻。不幸的是，两个人结婚以后的生活，证明了他先前的所有疑虑都是正确的。妻子挥霍无度、浪费成性，使得他债台高筑，再加上妻子的个性急躁，两人更是动不动就争吵不休。然而，他婚前就因为担心外界的评价而不敢解除婚约，婚后自然也是为了相同的理由而忍受不和谐的婚姻。这名男子就是美国第16任总统亚伯拉罕·林肯，虽然他有勇气解放黑奴，但是却没有办法在婚姻的路上勇敢地解放自己。

我们不能说林肯没有拒绝这段感情，原因都在于他碍于面子，其中的责任心等，也影响他做出这样的决定。然而，不愿背上“负心汉”的骂名的林肯，明知道婚后的生活不会幸福，但他依然还是坚持着。可见，即使是伟人，也不能不食人间烟火，不为面子问题所困扰。

在现实生活中，如果你认为随意承诺他人，将会为你的生活带来严重的不良影响，那你就应该鼓起勇气加以拒绝。试想，当一个天真的婴儿开始懂得表达“不要”的意愿时，即意味着他已经开始独立了，并且对于人、事、物有了自己的好恶与选择。但是，既然人们从小就具有个体的独立意识，为何日渐长大成人后，却反而不能展现自己真正的个性呢？

面子何时争，何时不争，聪明的人不会让情绪帮自己做出选择。理智地分析，面子要不要争，值不值得去争，关键是看事情的“面子价值”。

一个心理学家向他的客户给出了以下这样一连串的问题，以测试顾客对于自己个性化的强度和对面子的重视程度。

你很在意别人的看法吗？你总是为他人而打扮吗？你会邮寄一张贺卡给自己不喜欢的人吗？如果你在一家商店随意逛逛，最后却没有购买任何商品，你会觉得不好意思吗？你总是预设他人对你的期望，并且经常担心自己会让他人失望吗？你经常担忧自己可能在顺了“姑心”时又失了“嫂意”，进而在不知不觉中失去自我吗？你是否曾经扪心自问：我应该忠于自己的意愿，还是满足别人的期望呢？

你会给出什么样的答案呢？按照自己的性情生活，不让面子问题羁绊自己，你才会更容易得到舒心的生活。太顾及别人的想法，让生活的焦点着眼于他人的目光之中，那将会是一种非常愚蠢的生活方式。

强化内在素质，提升自身涵养

工作生活之余，学一门外语，或提高一下自己的烹饪水平，或学习一下如何着装和职场礼仪，又或许是多读一些能帮自己提高修养的文学读物。总之，要让自己的八小时以外精彩起来，用各种健康的兴趣爱好来丰富自己的生活，同时，也让自己的内在素质不断地提高。因为，内在素质的提高，可以有效地提升我们的涵养，让我们的气质更出众，同时，也更受人欢迎。

赵阳参加工作以后，就再也没去过图书馆，现在连最爱看的名著也没有时间看了，书架因为长时间疏于整理，落满了灰尘。

因为工作性质的关系，赵阳说话方式也变了，总是直来直去，有什么说什么，怎么想怎么说。

女友经常开玩笑说，赵阳从前是一个绅士，现在则彻底沦落成了一个粗人。

其实，赵阳也不想这样，关键是他现在整天跟建筑工人打交道，说话太委婉了，别人根本就听不懂，所以，赵阳就只好改口说白话了，反正那些人也不会笑话他，因为大家说话都是这样，并且时间长了也听习惯了。

真是环境改变人啊。赵阳不由地感慨，想当初自己是多么的富有文采，说话出口成章，别人都夸自己有涵养，女友也是因为这个原因才和他走到一起的。而现在呢，自从当上监理以后，既没有时间看书，也没有时间学习，就是有了时间，也全部花在娱乐应酬上了。人也慢慢变得粗鄙起来，成了女友口中没有涵养的人。

看来，自己的内在素质还得好好提高一下。这样想过以后，赵阳决定，为了女友，也为了重拾过去的风采，自己一定要利用好闲余时间。

为了实现这个目标，赵阳不仅报名参加周末英语学习班，还打算考专业的资格证，把自己的专业水平提高一下，同时，赵阳还利用业余时间写起了稿子。

半年过去了，功夫不负有心人。赵阳不仅取得了监理资格证，而且还在省报副刊上发表了文章。还有一个更好的消息，赵阳因为表现出色，工作素质过硬，被总公司列为重点培养对象。

故事中的赵阳，因为工作的关系，疏于学习，不知不觉中内在素质出现了下降，后来，在女友善意的提醒下，他积极做出了调整。利用闲余时间学习，不断地提高自己的内在素质，同时也提升了自己的涵养，最后终于如愿以偿。

可见，提高我们的内在素质，也就相当于在提升我们的涵养。有涵养的人一定是内在素质很高的人，那么，我们该怎样提高自己的内在素质，同时有力地提升我们的涵养呢？

1.加强专业知识的学习

在职场中，尤其专业性比较强的工作，一定要利用业余时间充电学习，不断地提高自己的专业水平，同时尽可能地学习多方面的知识，让自己的内在素质得到很大的提高。因为，在现代社会，知识随时都在更新，如果我们不进行相关的培训和学习，很可能有一天就会被彻底淘汰。在知识经济时代，我们一定要活到老，学到老，这样才会在专业领域有所作为，做出一番成绩。

2.适当地学习职场礼仪

在工作中，懂得最起码的职场礼仪可以说是十分必要的。这样不仅方便我们跟上级、同事进行良性沟通，而且也会帮自己在职场上加分，让自己有一个好人缘。工作起来就会得心应手，做起事来也会事半功倍。同时，对别人表示尊重，也是最基本的礼貌，在一个团队当中，只有大家互相理解，礼让他人，这个团队才会更有凝聚力，团队的每一个成员也才会更有归属感。

3.心态乐观，做事积极

遇到事情，多往好处想。如果别人伤害了我们，就要先问问是不是我们先伤害了别人，别人才会这么做，或者别人这样做也是另有苦衷，总之，心态一定要乐观，就算遇到再坏的情况，也要告诉自己，自己一定可以渡过难关，微笑面对一切困难。想到一件事情，经过反复论证，证明这件事可行，就马上动手去做，不要瞻前顾后，错过成功的机会。因为，一个有涵养的人，必然是一个心态乐观、做事积极的人。

4.懂得感恩，宽容他人

在生活中，要学会感恩。别人帮助了我们，要真心感谢别人，并记着别人的好，有一天要滴水之恩涌泉相报；别人欺负了我们，也要学会感恩，感谢别人让我们学会了坚强，并认识到了人性的阴影面；别人伤害了我们，更要学会感恩，感谢别人让我们知道自己到底有多强大。一个心存感激的人，是永远不会被打倒的，而一个懂得宽容的人，必然有过人的度量。真正的内在素质更应该是来自人性深处的美好天性，而涵养不是伪装出来的。

第二章

做人的根本：以诚待人，以信立身

诚信本是做人的根本，对待别人要真诚，要以诚待人。对别人承诺过的事情，要说到做到，做不到就不要答应别人。如果人人都做到诚信，生活会变得更清新，人们也会更加快乐。这一章的内容将为您讲述做人的根本：以诚待人、以信立身。

诚实守信是正直人格的保证

一般来说，诚实守信的人做事都有自己的原则。不轻易向别人许诺，答应别人了，不管事情办起来有多难，会付出多大的代价，都会当成自己的事情一样，不遗余力地去完成。与其说，这样做是对别人负责，倒不如说是对自己负责。对自己负责的人，才不会一遇到困难就找借口，推脱自己的责任。

毛建国是个从山区走出来的大学生，尽管已经成了一家外企的高管，但他从来也没有忘记过，当年若不是那么多好心人的帮助，他早就辍学了，更不会有今天的成就。

所以，这些年来，毛建国每年都会拿出自己的一部分收入作为助学资金，帮助贫困山区的孩子完成学业，使他们也能像自己一样走出大山，看一看外面的世界。

在毛建国资助的孩子当中，有一个叫灵灵的9岁小女孩，非常聪明，每次考试都考班里第一名，而且特别可爱。她每个月都给毛建国写一封长长的信，让毛建国格外感动。

可是这个月，毛建国却没有收到灵灵的信，是灵灵功课太忙了，还是忘了写。以前这样的事可从来都没有发生过。

毛建国决定请假去灵灵的家看一看。

毛建国费尽周折，多方打听，最后才找到了灵灵信上写的地址。只见那是一座快要倒塌的土坯房，房顶上长满了野草，毛建国想象不出这样的房子竟然还能住人。他大声地喊着灵灵的名字，希望她赶紧跑出来，这个房子太危险了，随时都有倒塌的危险，根本就不能住人。

可是任凭毛建国喊破了嗓子，就是没有人出来。最后喊声惊动了邻居的一位大嫂。那位大嫂得知他的来意后，连忙告诉她，说灵灵前几天不知怎么地，走着走着，就从山坡上滚下去了，听说全身都是伤，现在在镇上的卫生所呢。可怜的孩子，身边又没个亲人。

问清了卫生所的位置以后，毛建国立刻赶了过去。看着灵灵满身的伤痕，还有手里紧紧攥着的写给他的信，毛建国忍不住流下了眼泪。毛建国决定带灵灵去他所在的城市看病。如果灵灵愿意，他将收养灵灵，资助灵灵完成学业。

故事中的毛建国由于自己的经历，多年来一直资助贫困山区的孩子上学。在得知自己的资助人灵灵在给他寄信的途中，不小心滚下山坡摔伤以后，他并没有一走了之，而是决定治好灵灵的伤，并且完成他资助灵灵完成全部学业的承诺。正直善良的人在有些人眼中或许很傻，但就是因为有了遵守诺言、诚实守信的“傻子”，我们的生活才变得更有人情味。为什么说诚实守信是正直人格的保证呢?

1.诚实的人不欺骗别人

事情该是什么样子，就老老实实地告诉别人是什么样子。缺点、错误要事先跟别人讲清楚，让别人自己抉择。是做还是不做，买还是不买，绝不能为了眼前的一点利益，就花言巧语地用谎话欺骗别人。骗别人的人，自己迟早也会被别人骗。只有正直诚实的人才会赢得成功女神的青睐。

2.诚实的人是善良的人

诚实的人不是不知道，有些时候说谎话能给自己带来眼前的利益。可是他们不忍心那样做，因为他们知道做事的不易，不管是谁的钱，都来之不易，更体会过那种被人欺骗后痛彻心扉的滋味。所以，他们宁可自己少赚一点，也绝不会受眼前利益的蒙蔽，而做出损害别人利益的事。

3.守信的人不自私自利

自私自利的人不会无条件地帮别人做事。即使答应了，如果在做的过程中遇到了困难，或者发现回报小于付出，他就会千方百计找借口，拒绝继续履行承诺。可是，真正守信的人不会这么做，因为他不是为了得到好处才帮别人，他帮别人仅仅是觉得别人需要帮助。

4.守信的人会遵守诺言

真正守信的人一定会遵守诺言，不管他为这个诺言付出多大的代价。在守信的人看来，一个人如果连诺言都不遵守，答应别人的事做不到，那么，这个人是没有责任感的人，是一个不成熟的人。一个人如果连责任感都没有，别人又怎么会放心地和他合作呢，因为谁都不知道他会在什么时候改变主意，没人敢冒这个险。

不逃避艰辛，才能有所突破

大多数人都在二十几岁步入社会，除了学历上的差异之外，其他的差别并不是很大。这些意气风发的年轻人，干劲十足，渴望着拥有一个美好的未来。但是几年的拼搏过后，其中一些人感觉到了个人力量的渺小，于是他们失望了，退缩了，忘记了当年的梦想。

天将降大任于斯人也，环境对于一个人日后的成长、成事具有举足轻重的作用。因为环境、际遇的不同，不是每个年轻人都可以一帆风顺地长成参天大树。如果你生来不幸，你应该坚信，没有人是注定要受苦的。处于苦难中时，不沮丧，不屈服，不逃避，给自己一个温馨的微笑，就会应验那句俗语：自助者，天助之。

日本最有名的推销员原一平，在刚走上推销岗位的头7个月，没有拉到一分钱保险，当然也拿不到一分钱薪水。只好上班不坐电车，中午不吃饭，每晚睡在公园的长凳上。但他依旧精神抖擞，每天清晨5点左右起来后，就从这个“家”徒步去上班。一路走得很有精神，有时还吹吹口哨，还热情地和人打打招呼。有一位很体面的绅士，经常看见他这副模样，备受感染，便与他寒暄：“我看你笑嘻嘻的，浑身充满干劲儿，日子一定过得很舒服啦！”并邀请他吃早餐，他说：“谢谢您！我已经用过了。”绅士便问他在哪里高就，当得知他是在保险公司当推销员时，绅士便说："我就投你的保险！"听了这句话，原一平猛觉"喜从天降"。原来这位先生是一家大酒楼的老板，他不仅自己投保，还帮助原一平介绍业务。

到了1939年，原一平的销售业绩荣膺全日本之最，从1948年起，他连续15年保持全日本推销业绩第一的好成绩。1968年，他成了美国"百万圆桌会议"的终身会员。

虽身处逆境，但心底仍坚守成功信念的人，最终才有希望走出这种人生的困境。

以往，也许你常听到在困境中要奋发图强的言论，但另有一点是，在苦难之中，你还要保持一种乐观精神。这种精神表示你并没有怨天尤人，表示你已经做好了改变自己命运的准备，随时听候机遇的召唤。要记住，人生的目的应该是感受快乐与美好，不断追求。

在中国，杨澜是一位著名的节目主持人。1990年，还在北京外国语大学英语系读书的杨澜，偶然地从一次央视公开招聘中脱颖而出，成为《正大综艺》节目的主持人。

1993年底，正大集团总裁谢国民来到北京。在与杨澜的接触中，认为杨澜是个很有潜力的人，应该到国外去充充电，进一步提高自己的实力，发挥自己的潜力，并表示愿意无偿资助她去美国留学。

1994年，杨澜毅然辞去了人人羡慕的央视工作，选择了留学之路。在美国留学期间，杨澜用业余时间与上海东方电视台联合制作了《杨澜视线》，第一次以独立的眼光看待并介绍世界。凭借40集的《杨澜视线》，杨澜成功地实现了从娱乐节目主持人到复合型传媒人才的过渡。

1997年回国后，杨澜加盟了刚刚创办不久的香港凤凰卫视中文台。1998年1月，《杨澜工作室》在凤凰卫视正式开播。两年的名人采访经历，让杨澜产生了质的变化：她已经拥有了世界级的知名度、多年的媒体工作经验以及别人无法企及的名人资源。然而此时，杨澜又一次在成功的光环中选择了退出，选择开始新的生活。

2000年3月，杨澜收购了香港良记集团，并将其更名为阳光文化网络电视控股有限公司。可惜的是，杨澜的公司刚成立不久，就遭遇了全球经济不景气的浪潮。杨澜着手削减成本，锐意改革，终于在2003年转亏为盈。不久，阳光文化正式更名为阳光体育，走上了新的发展历程。可是，又一次获得成功的杨澜再次选择了退出，她辞去了董事局主席的职务，并表示将全身心投入文化电视节目的制作。

从最初的《正大综艺》，接着到美国留学，之后又转战香港凤凰卫视，开辟阳光卫视，到现在和湖南卫视合作，杨澜做出了太多人们想不到、不理解的选择。面对荣耀和掌声，她能够勇敢地走出来，需要的是非凡的胆识与勇气。人生就是这样，不要活在别人的限制里，只有让自己冲出传统与世俗，才能够自由翱翔。

每个人的生活中都有许多困难之事横亘在面前，有些人轻易地就被一些鸡毛蒜皮的小事囚困一生，愁苦哀怨。而有些人则生而目光高远，希冀一个又一个人生的高峰，杨澜无疑属于后者。

有人说，人生最大的快乐就在于挑战自己、迎战困境，最终有所收获。从杨澜的身上，我们体会到了不断选择人生新环境的勇气，无论一个人已经做得多好，都有再次突破的可能，在这个过程中，他们逐渐实现了质的蜕变。

诚信是你做事的招牌

诚信不是说说而已需要通过所做的事使别人深刻地感受到，要把诚信作为我们平时做事的准则和招牌。这样，树立了诚信，人们才会愿意和我们合作。

中专毕业以后，杨中诚用自己打零工挣来的钱在市场里租了一个摊位计划卖麻辣烫。出摊的那天早上，母亲反复地叮嘱他要跟市场里面的人搞好关系，对顾客要热情。

遵照母亲的指示，他没有用市场上卖的麻辣烫的料，而是买来各种材料，自己亲手制作。为了让麻辣烫的汤更好喝，杨中诚没有像别人一样，用味精鸡精调味，而是大老远地跑到乡下买来老母鸡炖汤，然后用货真价实的鸡汤涮菜。就连菜品，他也是用最好的，最新鲜的，每样菜都是洗了又洗，冲了又冲。

由于杨中诚的汤料味道独特，再加上菜品干净新鲜，而且为人非常热情，很快，他的摊位前就挤满了人，而且好多都是回头客。

见生意这么火爆，杨中诚非常高兴，把母亲也叫过来给他帮忙。母子俩常常一忙就是整整一天。由于市场里摊位面积有限，干了几个月之后，杨中城手头也攒了些钱，于是他就和母亲商量，在市场对面的街上租一间不大的铺面，还卖麻辣烫。

母亲当然支持他，只是再一次叮嘱他，做生意一定要讲诚信，讲良心。杨中诚一直记着母亲的话，一切还是像以前那样，汤料是自己做的，汤是真正的老母鸡汤，菜品是最新鲜的，为了时刻提醒自己，杨中诚还把自己的店命名为“诚信麻辣烫”。

现在，杨中诚的“诚信麻辣烫”已经开始了连锁经营，为了保证质量，杨中诚规定所有加盟店的汤料、菜品都统一由总店提供。在这座城市，提起“诚信麻辣烫”的招牌，没有人不竖大拇指。

故事中的杨中诚中专毕业以后，没有出去找工作，而是在市场里摆摊卖起了麻辣汤。从开业到现在，他一直没有忘记母亲的教诲，做生意要诚信，要讲良心。他的汤料是自己做的，所有材料都是用最好的，而且菜品也是最新鲜的。为了时刻提醒自己，他还把店命名为“诚信麻辣烫”，而且诚信也成了他做事的招牌。由此可见，如果我们把诚信当作做事的招牌，别人就会更加信任我们，我们也就会有更多的生意做。这是因为：

1.别人会觉得我们值得信任

通常，诚信的人会更值得我们信任。因为诚信的人不要什么花样，也不玩什么心眼，事情该怎么做就怎么做，话该怎么说就怎么说。所以，树立我们诚信做事的招牌，要让别人觉得我们值得信任，把事情交给我们做非常放心，这一点对我们来说非常重要。

2.别人会觉得我们很负责任

诚信的人做事会让人放心，他如果答应别人了，就会把别人交代的事情尽心尽力地办好。别人吩咐他的他做到了，别人没有想到的他也替别人全部考虑到了，而且都做了妥善地安排，当然在这之前，他会跟别人打声招呼，征求一下别人的意见。为别人负责，同时也为自己负责。因为他不想让别人说他说话不算话，做事情不讲信用，答应得好好的，最后事情却没有办成。当然，如果自己办不到的事，诚信的人是绝对不会贸然答应别人的。

3.别人会觉得我们办事可靠

诚信的人言必信，行必果，通常来说，说出的话就一定能做到，而且能做得非常好，常常带给别人意想不到的惊喜。所以别人会觉得诚信的人办事可靠，因为他对自己说过的话很负责任，说怎么做就会怎么做，说能做好就能做好，不像有些人嘴上说一套背后做一套，让人不知道是听他们的话好，还是不听好。所以，为了树立起我们诚信的形象，我们要让别人觉得我们办事可靠，这样别人才会愿意和我们交往。

4.别人会觉得我们让他放心

说话做事要老老实实，能做到的就答应，不能做到的坚决不向别人承诺，不会为了所谓的“面子”，勉强答应替别人办事，最后却误了别人的事。我们要把别人的事看做自己的事，或者比自己的事情还要重要，别人交代的事总是精益求精地完成，让别人觉得我们办事可靠，值得信任。这样，别人就会觉得对我们很放心，有什么重要的事也敢交给我们去做。

答应别人前需仔细思量

答应别人前要想清楚，别人是真的需要我们帮忙，还是其他原因？别人为什么不去找其他的人，而单单找上我们？我们真有别人说得那样好吗，别人说话的真正目的是什么，是仅仅是为了让我们帮他的忙，还是另有所图？别人的人品怎么样，值不值得我们去冒险？如果我们答应别人了，别人让我们做的事，我们能不能保质保量地按时完成？如果万一完成不了，我们能承担起这个责任吗？事情完成后，如果别人不买我们的账，我们是否能淡然处之？

有一位青年画家，住在一间狭小的房子里，靠画人像为生。

一天，一个富人经过那里，看他的画工细致，便请他画一幅人像。双方约好酬劳是一万元，并且还签了合同。

一个星期后，人像完成了，富人到年轻画家那里取画。富人欺负他年轻又未成名，不肯按照原先的约定付钱，他心想：画中的人像是我，这幅画如果我不买，那么其他人肯定不会买。我又何必花那么多钱呢？

于是富人赖账，他说只愿花三千元买这幅画。青年画家愣住了，据理力争，要求富人遵守约定。

“我只能花三千元买这幅画，你别再啰唆了。”富人说，“我最后再问你一次：三千元，卖不卖？”青年画家知道富人故意赖账，心中愤愤不平，他坚定地说：“不卖！我宁可不卖这幅画，也不愿受你的侮辱。将来我一定会要你为今天的失信付出十倍的代价！”富人悻悻离去了。

经过这件事后，画家搬离了这个地方。他重新拜师学艺，十几年后，终于成为一位在艺术界知名的人物。

这一天，富人的几个朋友突然都不约而同地和他谈起一件怪事：“这些天我们去参观一位知名艺术家的画展，其中有一幅画标价十万，画中的人物跟你长得一模一样。好笑的是，这幅画的标题竟然是‘贼’！”

富人也很奇怪，不明白天下怎么会有这么巧的事，过了一会儿，他猛然想起了从前那幅他没买的画像……

最后，富人不得不找到那位画家，花了十万元买回了自己的肖像画。

言而无信的人就算机关算尽，也终归是唯利是图的小人，久而久之，会受到社会的排斥和谴责，最终尝到自己种下的苦果。所以要记住保持一颗善良的心，在生活中不断与那些丑恶搏击。

如果一个人凭着自己良好的品性，能让人在心里认可你、信任你，那么你就有了一笔成功的资本。一个人如果学会了获得他人信任的方法，那要比获得万贯家财更令人自豪。

所以，在答应别人的要求前，我们一定要想清楚。在确定以下几个方面都没有问题时，再答应也不迟。

1.别人真的需要帮助吗？

社会太复杂了，什么样的人都有。所以，做好事也要考虑清楚。例如，帮别人，有些时候，我们看着别人真的很可怜，不帮好像有些不忍心。但是，我们最好克制一下，问一下自己，别人的真实生活我们了解吗？别人真的需要我们帮助吗？别人有没有能力自己挺过这个难关？我们帮了别人以后，是真的帮了他的忙，还是反而害了他，助长了好逸恶劳的习气？

2.别人为什么会找我？

有些时候，别人说的事情，他身边的很多朋友都能做到，都能帮上忙，但他却没有找他们，偏偏找了你。当然，你问他，他可能会说，别人不肯帮，你人好所以找你。但事实真是这样的吗？在没有搞清楚别人的真正目的之前，先别忙着答应别人，尤其是一些比较重要的事情，最好落实清楚，确定没有什么问题，再帮别人。

3.我真的了解别人吗？

熟人还好说，因为是多年的老关系了，彼此也知根知底，所以这个问题可以不用考虑。但如果是只见过几次面的朋友，仅仅混了个脸熟，我们连人家做什么工作，为人怎么样，家里情况怎么样都不太了解的话，那如果人家请我们帮忙，我们还是想想清楚，这个忙到底能帮不能帮，别最后把自己帮进去了。

4.答应了做不到怎么办？

答应别人的时候，我们跟人家拍着胸脯说，没问题，事情包在我身上，出了问题我负责。可是，真出了问题，我们答应人家的事没有做好，或者没有做到人家要求的那个程度，向别人解释后，有些人可能会谅解，而有些人则会觉得我们是故意的，根本没有尽力，之前都打保票说没问题，现在却出了很多问题。因此，在答应别人前，我们还要做好挨骂的心理准备。

讲信用的人才有好的前程

日本松下电器的创始人松下幸之助先生说过一句话："信用既是无形的力量，也是无形的财富。"的确，讲信用在我们的工作和生活中非常重要。在工作中，它会让同事和客户对我们更加信赖，更加放心；在生活中，它会让家人和朋友觉得我们可以依靠，能带给别人安全感。总之，一个讲信用的人，一定是一个有责任感的人；而只有有责任感的人，才值得别人信任，才会有美好的前途。

小李的家乡以种植当归出名。每年当归收获的季节，来自全国各地的药材商人，都来当地收购当归，场面就像过节一样，非常热闹。

由于小李是当地人，人头熟，会讲普通话，又天生一副热心肠，所以家里不忙的时候，他就常跑去给那些药材商人们当免费翻译。一来二去，和那些药材商们就都混熟了。值得一提的是，小李虽然是本地人，但在议价的时候，却并没有偏向自己的父老乡亲，该多少就是多少，这一点让药材商们非常欣赏。

所以后来，药材商们就坐在一起商量，能不能他们以后不来，把货款打给小李，让小李全权负责收购药材，收完后直接给他们发货就行了。但是药材商们又有些担心，毕竟全部货款不是一笔小数目。如果小李到时候起了贪念，拿钱跑了怎么办?

再三权衡后，药材商们还是认为这个办法值得一试。因为他们每个人每年来来去去各种花销算在一起，费用也不少，而且还劳神费心。倒不如放手让小李去做，先给他打货款的80%，剩下20%等他们验完货之后，确定没问题再一次和工资一起打给他。现在就剩下征询小李的意思了，如果他愿意做，双方马上就可以签合同，以货款的1‰作为他的酬劳。

得知药材商们的来意后，小李想都没想就答应了，合同也没看，就痛快地在上面签了字。这不禁让那些药材商们再一次对他竖起了大拇指。

接下来的几年间，小李用实际行动证明了自己的人品和能力，更赢得了所有药材商的信任和赞赏。他的药材价格公道，质量过硬，而且无论最后货款剩多少钱，他都如数退还给药材商，从不多拿一分钱。

而对那些药农，小李也从来说话算数，不缺斤少两，也不恶意压价，药材值多少钱，他就给多少钱，所以乡亲们都愿意把自家的当归卖给小李。

让药材商们都头疼的事，小李却做得非常轻松。现在，他不仅是当地一家药饮厂的老板，还是全国最大的当归供货商。谈到自己成功的秘诀，小李只用三个字来概括："讲信用。"

故事中的小李，不仅为人热忱，乐于助人，而且非常讲信用，先是赢得了药材商们的信任，成了他们的代理采购商，同时又得到了乡亲们的信赖，大家都纷纷把好药材送上门。所以，最后他才能一步一步地做到老板，并且还成了全国最大的当归供货商。可见，讲信用在我们成功的道路上有多重要。通常，只有那些讲信用的人才会更容易成功，才会有一个好的前程。我们之所以这么说，是因为：

1.讲信用的人说话算话

在生活中，讲信用的人不管答应别人的是大事还是小事，他们都会当成自己的事，时刻放在心上，舍得为别人付出，不斤斤计较，说一就是一，说二就是二。算不上一诺千金，但也至少说话算话，事情交给他们去办，基本上不出什么大的问题。总之，一个讲信用的人，肯定是一个说话算数的人。只有说话算话，别人才会给我们施展才能的平台，我们才会有成功的机会。

2.讲信用的人有责任感

有些时候，就算事情再难办，如果他们事先答应别人了，都会尽自己的全力去做，把事情做好，让别人满意。并且，他们绝口不提他们额外的付出，以免让别人觉得他们想以此为借口，增加费用。责任感促使他们把别人的事，当成自己的事去完成，同样也是出于责任感，让他们觉得事先没有跟别人讲清楚，是自己的责任，那么损失理所当然应该由自己来承担。

3.讲信用的人让人放心

一般来说，事情只要交给讲信用的人，我们就可以高枕无忧了。因为以他们那种性格，会把别人的事看得比自己的事还要重要，他们做不到或者没有十足把握的事，基本上不会向别人承诺。而一旦他们答应了，那就说明他们有必胜的把握，到时候肯定会把事情办得漂漂亮亮的，给别人一个惊喜。

4.因为讲信用的人敢作敢当

讲信用的人，通常敢作敢当，特别有担当，而这恰恰是成大事者必不可少的一种素质。一个只懂得亦步亦趋地跟在别人后面的人，是不会有多大出息的。只有那些敢于挑战自己、挑战权威、勇于实践自己的想法，能承担不利结果，并能禁受住多次失败打击的人，才会有一番大作为。生活中，没有人会随随便便成功，敢做并且做好，这就是成功。

以诚待人是最可贵的品质

在人际交往过程中，如果每个人都谎话连篇，那就太可怕了。而如果是做事情，别人答应得好好的，最后我们却连人家的影子都找不到，这让我们情何以堪。而这些事情，现在就确确实实发生在我们的身边。一方面固然是因为这些人爱贪小便宜、爱慕虚荣，但如果我们周围的人都非常讲诚信，那么，这样的悲剧是不是就会少一些呢？人和人交往起来也就不会有那么多的顾虑呢？

曾经在杂志上看过这么一个故事，说有个小男孩，非常喜欢看奥斯特洛夫斯基写的《钢铁是怎样炼成的》。正好街上有家书店有卖，于是他便在放学后跑去那家书店看。刚去了几次，书店的老板见了小男孩就往外撵，还讽刺说买不起就不要看。

小男孩非常伤心。他真的做梦都想有一本崭新的《钢铁是怎样炼成的》，但是他家很穷，根本就拿不出多余的钱给他买书。怎么办呢?

有一天趁老板打扫卫生的间隙，小男孩偷偷溜进了书店，抓起架子上那本《钢铁是怎样炼成的》就往怀里塞。当时书店里还有另外一位中年妇人，她显然看到小男孩是想偷书，但是，她却装作什么也没有看见。

就在小男孩低头出门的时候，书店的老板进来了，小男孩吓坏了，不知道自己该怎么办。而书店的老板一眼就看见小男孩怀里鼓鼓囊囊的，像是揣着什么东西。正当他想问个究竟的时候，那位中年妇人开口了："你那本《钢铁是怎样炼成的》我买了，这个小男孩说他非常喜欢看这本书，所以我决定把书先借给他看。"听中年妇人这样说，书店的老板无话可说了，只好放小男孩走。

走出书店以后，那位中年妇人语重心长对小男孩说："孩子，以后长大了，一定要做一个正直、诚实的人，就像书里面的保尔一样，阿姨相信你肯定能做到。那本书就当阿姨送你的，拿去看吧。"说完，就走了。等小男孩回过神来的时候，那位好心的阿姨已经不见了。小男孩非常后悔，没有当面向那位阿姨说一声"谢谢"，并且问一下她的地址，等以后自己有钱了好去还她。

以后的日子，不管再苦再难，小男孩始终记着那位阿姨的教诲，做一个正直、诚实的人。很快，小男孩大学毕业了，长成大男孩了，而且也有稳定的收入了。他决定履行自己多年前的诺言，找到那位善良的阿姨，亲口向她说一声"谢谢"，并把那本书的钱还给她。

再见到那位阿姨的时候，他已经在当年那家书店门前整整等了两年六个月零七天。虽然那位阿姨已经认不出他了，但他还是很高兴，因为他终于完成了自己多年的愿望。

故事中的小男孩，非常喜欢看《钢铁是怎样炼成的》，但是他实在太穷了，没有多余的钱买书。于是，他决定去偷。就在他怀揣着书往外走的时候，却被书店的老板发现了，幸亏有位好心的阿姨巧妙地帮他解了围，并且把买下来的书送给了他。多年后，小男孩决定寻找当年那位善良的阿姨。经过两年多的等待，他终于见到了那位阿姨，兑现了自己的诺言。的确，诚信是人际交往中最可贵的品质。在与人交往的过程中，如果我们失去了诚信，将有可能寸步难行。因为：

1.诚信的人比较诚实

诚信的人首先是一个诚实的人，说话办事老老实实。不会因为怕被别人骂，或者怕别人笑话，就不敢说出实情。而是就算别人再怎么责骂，再怎么嘲笑，他该说的话也还是要说。因为他觉得别人有权利知道实情，而他也有这个义务把事情的真相说出来。所以，我们常常会觉得诚实的人很傻很笨，因为他们明明知道前面是个火坑，还要睁着眼睛往下跳，任凭别人怎么劝也不听。但是我们却不得不承认，有时候傻人真的有傻福。

2.诚信的人让人信赖

的确，一个说话做事雷厉风行、说一不二的人，无论是作为我们的同事，还是朋友，我们都应该感到非常幸运。因为这样的人，通常说得出就能做得到，而且说话做事不掺一点水分，工作总是高质量地完成。如果我们有重要的任务交给这样的人去做，我们根本都不用操心，我们能想到的，他都想到了，我们没有想到的，他也想到了。总之，诚信的人就有这样的魅力，让人不知不觉地就对他们产生信赖，想和他们交往共事。

3.诚信的人有责任心

诚信的人不仅会把别人的事当成自己的事去做，甚至对别人的事看得比自己的事还要重要，比对自己的事更加上心。因为他们觉得，自己既然已经答应了别人，就有责任和义务去完成别人交代的事情，这样才不会误了别人的事，给别人造成不必要的麻烦。而且这样别人下一次有事还会找自己，双方才会有继续合作的机会。

诚诚实实做人，踏踏实实做事

著名爱国将领冯玉祥将军曾经说过一句话：“对人以诚信，人不欺我；对事以诚信，事无不成。”的确，在工作和生活中，如果我们始终坚持诚实和人交往，别人必会认为我们为人正直，值得信赖。而做事情的时候，如果我们同样以踏实的态度对待每件事情，精益求精。久而久之，我们的办事能力就会提高。而且，别人会觉得我们非常有责任感，我们办事他们放心。

听同事说，单位楼下最近新开了家面馆，名字叫“一碗香”，老板是位戴着眼镜的中年男子。这家店的店规很奇怪，面不接受外带，想吃要到店里来吃，也不接受预定，客人现来现做。并且，他们的所有材料都是限量的，什么时候卖完什么时候关门。

陆海天听了很好奇，现在但凡做生意的，谁都巴不得一天24小时有人才高兴，居然还有这么做生意的，他倒要看看这位怪老板跟别人有什么不一样。

进去坐下以后，陆海天看了半天也没看出，这家面馆跟别家面馆有什么不一样的地方，无非是稍微干净一点，而且也看不出老板有什么过人之处。

面端上来以后，陆海天也没觉出有什么特别。只是觉得他们的配菜颜色很好看，面条更筋道一些，汤非常清亮，吃起来的味道就像妈妈亲手做的一样。而且吃完后胃里觉得很舒服，嘴里也没有什么怪味。

陆海天是北方人，本来就喜欢吃面。而且“一碗香”就在楼下，他便经常去吃。时间长了，跟面馆老板认识了，遇到客人不多的时候，面馆老板还会跟陆海天聊一会儿天。

面馆老板告诉陆海天，他也非常喜欢吃面，而且最喜欢吃妈妈做的长面，在他看来，那是世界上最好吃的面。所以，他病退以后，就开了这家面馆，专卖长面，以便让更多的人能品尝到妈妈的味道。

陆海天不解地问：“既然这样，那你为什么不接受预定和外卖呢？”

面馆老板笑着说：“我当然知道预定和外卖能给我带来很大的经济效

益，还有源源不断的客流。但是，在我看来，让客人吃到味道最好的面才是最重要的。因为再筋道的面条带出去，也会失去本身的爽滑和口感。我不想让客人误以为我们的面不筋道，不好吃，所以，宁可少赚一些，也绝不自损信誉。”

陆海天不服气地说：“我承认你说的有一定的道理。但我还有一件事情不明白，为什么你们店规定每天只卖200碗就不卖了，有时候还不到中午呢就关门了，这又是何道理啊？”

面馆老板哈哈一笑：“我们也是人啊，你以为做面容易，只有让所有的人都休息好了，心情愉快，做出的面才会更有味道，客人吃了才会还想来，总之，诚诚实实做人，踏踏实实做事，生意才会做得长久。”

陆海天听完不由得感慨万千，说得多好啊，可是生活中，偏偏就有许多人放着阳关大道不走，偏走歪门邪道，自以为是通往成功的捷径，其实离成功已经越来越远。

故事中的陆海天，在听了同事们的议论后，对楼下面馆的“怪老板”感到很好奇，因为他们的面既不接受预定，也不接受外卖，而且还是限量版的。后来，在跟面馆老板熟悉了以后，他才明白了他这么做的原因。陆海天不由得感慨面馆老板的大智慧，同时也为更多还在成功门外徘徊的人惋惜。本本分分做人，踏踏实实做事，才是成功之道。为什么这么说呢？

1.诚实做人，别人才会信任我们

一个嘴里没有几句实话的人，别人敢信任吗？谁知道他的话哪句是真的，哪句是假的，保不准全是假的。见面打个招呼还可以，深交就不必了，让他帮忙就更不必了，鬼才知道他会不会把自己给卖了，还在一旁偷笑。这样的人，就算能力再强，事情做得再好，我们也最好对他敬而远之，因为谁也不知道他下一次会出什么幺蛾子。

2.诚实做人，别人才会喜欢我们

诚实的人，虽然有时候看上去有些笨笨的，脑筋不会急转弯，也爱较真，但办起事来让我们放心，因为他们不会犯大的、原则性的错误。他们通常都有自己做事的底线，如果超过了某个限度，就算再怎么诱惑他，他也绝不会朝前走一步。所以，尽管他们有这样那样的缺点，但依然让我们很喜欢，最起码和他们在一起，我们不会受大的伤害。

3.踏实做事，事情才会尽善尽美

在做事情的过程中，不管是大事还是小事，都要当成最重要的事情来做，争取做到最好，让别人的评价更高，这才是我们要考虑的。因为以这样的想法做事，不管遇到的问题有多小，都会积极地去处理改进，把每一个环节都争取做到做好。所以，只有踏实做事，事情才会做得尽善尽美。

4.踏实做事，能力才会越来越强

当我们认真做事的时候，往往会发现一些以前容易被忽视的小问题，通过解决这些问题，我们很可能会找到更好的做事情的方式方法。这样不断地发现问题，然后再不断地改进调整，慢慢地，我们的思路就会越来越开阔，想法也会变得越来越多，而考虑得也会越来越全面。与此同时，因为所有的做事经验都是实践得来的，实践得越多我们的能力就会越强。

第三章

做人的气度：能屈能伸，敢作敢当

做人要有气度，要做到能屈能伸、敢作敢当。该向别人认输的时候，要学会低头，绝不能因为一时抹不开面子，输了嘴上还不承认，输也输得脸上无光。而该亮出自己的时候，绝不拖泥带水、扭扭捏捏，要做就做到最好，给所有人一个惊喜。不怕得罪任何人，敢作敢当，能独自承担事情的所有结果，这就是做人的气度。一个人气度的大小，往往决定一个人成就的大小。

能屈能伸的人才会有所作为

刚直不阿、宁折不弯固然令人敬佩，然而在对自己不利的情况下，保存实力急流勇退，未尝不是一种明智的选择。暂时的输赢并不能说明什么，谁能笑到最后，谁才是真正的赢家。所以，我们大可不必为暂时的失败耿耿于怀，只要我们每一次站起来的时候，比上一次更强大，我们就有赢的希望。总之，我们如果想有所作为，就一定要学会能屈能伸，该低头的时候低头。

张真学的主管王先生是一个非常苛刻而且脾气暴躁的人。经常动不动就对下属拍桌子大吼，写错一个标点符号，他也要给你严厉地指出来。张真学想不明白，他怎么就那么细心，就像长了一双“火眼金睛”，任何蛛丝马迹都瞒不过他的眼睛。

张真学和同事们对王先生真是又恨又怕又敬。摊上这样一个“暴君”上司，除非是不干了走人，否则就要夹着尾巴做人，天天受他折磨。张真学真不知道自己什么时候才可以脱离苦海，不受王先生的管。有好几次，他都打算跟王先生大吵一架，然后走人。

但那样做实在是太窝囊了。就算自己有一天真的要走，也一定要做出一番成绩后再高调离开。现在走了，反而会让王先生觉得我一点儿抗压性都没有，更加从心里瞧不起我。

这么一想，张真学突然觉得自己有了坚持下去的信心，工作起来也更有干劲了。王先生再骂他，他也不生气了，因为他现在是为证明自己而工作，他要让王先生看一看自己是个有能力的人。

公司里好多同事都陆陆续续离开了，因为受不了王先生的坏脾气，最后就剩下张真学还在那儿苦苦坚守。张真学时刻提醒自己，越是在这种情况下，自己越不能有放弃的念头。

虽然部门里只剩下张真学一个人了，但王先生并没有因此而改变他的坏脾气。只要张真学工作上出了错，有做得不合适的地方，不论是大错还是小错，他还是一如往常的连说带骂。张真学已经习惯了，有时候想想，他还挺感谢王先生的，正是因为他的严厉现在他干起工作来才十二分的认真，现在已经基本上得心应手，没有什么工作能难得倒他了，也不怎么挨王先生的骂了。

就在张真学在为走还是留左右为难的时候，总经理在员工会议上公布了一项任命决定，张真学任新任主管，王先生培养接班人有功，任部门经理。张真学百感交集，庆幸自己当初没有赌气离开，更为王先生和公司的良苦用心感叹不已。

故事中的张真学有一个脾气非常暴躁的上司王先生，经常对下属破口大骂拍桌子，很多同事都因为受不了王先生的坏脾气，离开公司另谋高就了，只有张真学还在坚持。不是他不想走，而是他不想让王先生从此以后看不起他。事实证明，他的选择是明智的。在生活中，很多事情都不是一帆风顺的，逃避解决不了任何问题，只有能屈能伸，勇敢地面对现实，不断提高自己的素质，才有翻盘的机会。这是因为：

1.能屈能伸的人有自知之明

知道自己的长处是什么，优点是什么，也知道自己的短处、缺点是什么。对自己的评价很客观，既不褒也不贬。他们明白自己跟别人比起来存在哪些差距，而且这些差距，不是一天两天就可以赶上的，必须要通过很长时间，几个月，甚至几年不断地潜心修炼，才有可能和对方打成平手。

2.能屈能伸的人有知人之明

知己知彼，方能百战百胜。全面了解自己还不够，还必须对对手有足够多的了解，这样我们才能做到有的放矢。如果连对方都不了解，不知道人家的优势是什么，有哪些特点，会对我们造成威胁，这样我们怕是连自己怎么失败了的都不知道。再强大的对手也有自己的软肋，而这往往就是他们的“死穴”。

所以我们一定要有知人之明。

3.能屈能伸的人不在乎输赢

一个能忍受暂时屈辱和失败的人，一定是胸怀大志的人。他们在乎的是有朝一日能证明自己，而不是在自己还没有足够能力的时候，就被对方断了成功的后路，以后再也没有翻身的机会。所以，真正能屈能伸的人，绝不会在乎暂时的输赢，在他们看来，一时的输赢并不能说明什么。

4.能屈能伸方可以有所作为

知道什么时候该进，什么时候该退，相时而动，在适当的时候做适当的事，这样的人，才是真正的智者。就像水一样，在大海里便汹涌澎湃，而在山涧中则化为涓涓细流，根据所处的环境不同，改变自己的形态，一样可以很精彩。

忍字头上一把刀，看你的度量

生活中经常有这样的情况，有些事情，我们很可能当时忍一忍，跟对方认个错服个软，不跟对方过分计较，也就过去了，什么事也不会发生。可偏偏有时候我们自己心情也不好，正在气头上，再加上对方无理取闹胡搅蛮缠，实在气不过，忍无可忍之下，就冲动地跟对方动手了。其实事后想想何必呢，为了一点小事大动干戈，气坏了自己不说，说不定还得赔人家医药费。还不如度量放大一些，免得给自己惹上不必要的麻烦。

这是一个真实的故事。对当事人来说，可以说是一次血的教训。如果当时，其中有一个人度量大一些，忍一忍，不跟对方计较，那么这件事也许根本就不会发生。

高宗扬是个出租车司机。说实话，在这座小县城跑车，一天下来真挣不了几个钱，因为城就那么大，十分钟就可以跑个来回，虽然说起价高一点，但总体下来还是不行，也就勉勉强强赚个饭钱吧。

那天在四中门口，高宗扬载了一位老师。那位老师说去吃碱面，让高宗扬拉他到碱面馆。一路上，两个人说说笑笑，还聊得挺好的。

谁知，到了碱面馆门口，下车的时候，高宗扬说5块钱，那个老师只撂给了他3块钱，就下车了。高宗扬气不过，也跟着下了车。

两个人在碱面馆门口为了区区两块钱，吵吵嚷嚷推来搡去。

这时候，碱面馆的老板听到动静出来了，问清楚事情的原委以后，对那位老师说："不就两块钱么，你就给人家算了，本来在这个县城跑出租，一天就拉不上几个人，再说你也是个老师，和一个出租车司机为两块钱吵架，丢不丢人？"

那位老师一听脸上挂不住了，恼羞成怒地对面馆老板说："你算什么东西，不就是个开面馆的吗？有什么资格教训我！今天我就不给了，看你们拿我怎么办？我堂堂一个老师，还怕你不成？"

面馆老板一听气坏了，自己本来是主持公道，没想到今天这个老师居然骂他。就在大家都以为事情就这么完了的时候，突然，面馆老板不知从什么地方拿了一把刀，对那位老师一顿乱捅。

周围的人都吓坏了，跑的跑，报警的报警。那位老师在去医院的路上就断气了，等待面馆老板的将是法律的严厉制裁。

故事中的教训可谓是深刻的，面馆老板本来是个局外人，但因为看不惯那位老师的所作所为，站出来理论两句。那位老师为了区区两块钱，最后却丢了性命。其实，当时如果那位老师把钱给了出租车司机，或者说话的时候稍微注意一点，不要激怒了面馆老板，又或者面馆老板不一时冲动，那么最后就不会走上犯罪的道路。忍字头上一把刀，说得真是一点儿也不假。只有那些心胸宽广的人，才不跟别人作无谓的计较，那是因为：

1.忍可以保护自己

尤其是碰到一些不讲理，做事情不按常规出牌的人，说话做事一定要谨慎。该认输的时候认输，适当地给人家服个软认个错，不跟别人过分计较，更不能跟别人对着干，如果一旦不注意惹恼了对方，最后受伤害的往往是我们自己。一定要记住，好汉不吃眼前亏，要学会保护自己。

2.忍可以大事化小

一个巴掌拍不响，出了问题通常都不是单方面的错，如果你在对方恶言恶语的时候，能忍住咽下这口气，不理会对方，随别人怎么说，就当自己是个局外人。这样，别人说着说着也就感觉没意思了，因为架是两个人吵的，光一个人说就不叫吵架了。而且，你一句话不说，还会让对方产生一种错觉，认为他赢了，你说不过他了，这样他的目的达到了，自然也就不会再来找你的麻烦了。而你也就可以大事化小，小事化了了。

3.跟人计较没意思

遇到讲理的人，你跟他理论一番，把道理讲清楚，也许还能分得出谁对谁错，让对方认可你的观点。要是碰上不讲理的人，说了也是白说，还不如不说。因为有些事情，双方站的角度不同、立场不同、看问题的眼光不同，根本就说不清楚到底是谁做错了，反而公说公有理，婆说婆有理，说着说着到最后有理的都变成没理的了。尤其是家务事，又不是什么大事，不管对错与否，就当错了跟对方认个错就好了，太计较了真没意思。

4.能忍是一种境界

因为能忍的人，往往度量比较大。看问题不只看眼前，不在乎一时的得失，不在意一时的荣辱，也不在乎别人对他们的评价，因为他们不是为了别人而活，只是为了自己在认真地活着，所以，别人的冷嘲热讽一般对他们起不了多大作用。能忍之所以是一种境界，就是由于世间很少有人能真正看清自己，明白一切的得失都只不过是过眼云烟，而我们也只是时间的过客而已。

做人不要太较真，偶尔也要转个弯

在有些事情上，适当地较真，坚持原则固然是对的。但是如果我们过于较真，明明事情还有回旋的余地，你却死守着所谓的规章制度不松口，让本来能办成的事，到最后因为你的原因没有办成，你想别人心里会是什么感觉，人家肯定会在背地里骂你是老古板、死脑筋。说不定有些人还会觉得你根本就是在故意为难他们，而对你怀恨在心，伺机报复。所以，做人不要太较真，偶尔也会学会脑筋急转弯，与人方便与己方便。

赵磊磊最近真是快要气死了，说得好好的公司这个月给他结清工资，但发工资的时候他打电话问会计，谁知会计说这个月还是没有他的工资。

“这叫什么事嘛！”赵磊磊在电话里气愤地说：“要发就痛快点发，不发就直说，这样拖着到底什么意思？”

只听电话那端，会计无奈地笑着说：“我也没办法啊，我也想发给你，可这是总经理交代的，你说我能怎么办？”

赵磊磊知道会计说的是实话，因为在公司他虽然待了没多长时间，但就数和会计关系最好了。

事情是这样的：赵磊磊在离开公司的时候，由于不是很清楚公司的离职手续，在离职表上只让主管、财务主管和会计签了字，没有让总经理签字。不是赵磊磊不想让总经理签，而是赵磊磊走的那天，刚好总经理和副总经理去外地学习了，不在公司。

但没想到就因为最后走的时候，在离职表上没有让总经理签字，总经理就扣发赵磊磊的工资了，还说赵磊磊违反了公司的规定，因为他在员工大会上刚刚规定，员工离职的时候必须最后由他签字同意后，方可离开，否则一律停发工资。

赵磊磊当然知道总经理是个坚持原则的人，但现在总经理搬出公司的规定来压他，恐怕不仅仅是因为他违反了所谓的公司规定，而是想逼他放弃领那一个月的工资。

就在他准备向劳动部门投诉的时候，会计给他打电话了，说让他明天早上过去领工资，还说总经理说赵磊磊虽然违反了公司规定，但有客观原因，所以不能一概而论，要区别对待。

该案例中的总经理，可以算是一个比较较真的人，就因为员工最后走的时候，没按规定让他签字，他就扣发人家的工资。不仅让离职员工对他产生不好的想法，觉得他想以此赖人家工资，而且还影响了他在在职员工心目中的形象。幸亏最后他及时发现了自己的错误，特殊情况区别对待，才没有酿成更坏的结果。由此可见，做人太较真了也不好，容易让别人产生误会，所以，我们偶尔也要转个弯，具体问题具体分析。这样做是因为：

1.太较真的人容易得罪人

我们一直说中庸之道，还说做人要外圆内方，其实都是一回事。不管是做人还是做事，我们一定要掌握好适当的一个度，因为一旦越过了界限，好事可能也就变成坏事了。就像水一样，在0℃以上是液态的，而在0℃以下则变成了固态的，成了冰。这里的0℃就是那个度。做人也一样，过与不及都不好，认真就可以了，但不要太较真，否则就会在不经意当中得罪别人，让自己今后的路更加不好走。

2.太较真就等于不通人情

说句实话，有时候遇到太较真的人还真能把我们气个半死，本来也不是什么违反原则的事，睁一只眼闭一只眼可能也就过去了，不会有什么大的问题，你好我好大家都好。可遇到太较真的人偏偏就是不行，说他尽职尽责吧，他也真够敬业的，但就是做人太死板，太教条，少了做人的那么一点儿可爱，让人觉得不通情达理。

3.太较真还可能会误大事

这种情况可能在医院里出现的概率比较高。病人家属出来的时候，或者是因为紧张忘了带钱，或者是已经有人去取钱了，但还没有回来，但很多医院明明知道病人没有时间等了，再等就要出人命了，但他们还是非常坚持原则，非要等病人家属把钱交上了才给病人看病。本来病人的情况就比较危急，刚刚送到医院马上抢救，还可能会救过来，但却因为钱不到位，医院太过于较真，而贻误了治疗的最佳时机。

4.与人方便就是与己方便

该通融的时候，就适当地给别人通融一下，只要不违反大的原则就行。

况且让别人跑来跑去，浪费时间不说，也好像是在变相地为难人家，还不如痛痛快快地给别人办了，顺便提醒一下别人，让他来的时候把什么都做好，这次就把事情给办了，这样人家还会感激你。与人方便，其实就是与己方便。

肯取舍才能做出正确的选择

任何事情都不是绝对的，有利必有弊，有好处就有坏处。就像药，虽然能帮我们解除病痛，让我们恢复健康，但也会给我们的身体带来一定的不利影响，所以才有了那句话“是药三分毒”。有些事情好与不好，其实完全决定于我们如何取舍。怕的是看着这个也好，那个也不错，挑来挑去挑花了眼，错过了选择的最佳时机。因为，人生的很多选择都是单项选择，选择了成功，就意味着必须要放弃按部就班的生活，只有肯取舍才能做出正确的选择。

乔白一刚毕业那会儿，好多同学都选择了考公务员。理由是公务员工资相对稳定，没有太大的压力，而且听上去也体面。

乔白一的父母也极力建议他考公务员，而且把考试的书都给他买好了。但乔白一不想过那样的生活，因为他的父母都是公务员，两个人辛辛苦苦一辈子了，现在都老了还住在单位分的房子里。

为了不让父母伤心，乔白一只好借口搬出去复习，利用节假日打工攒下的钱，在闹市区租了一间小小的铺面，当起了擦鞋匠。因为他想来想去，就只有给别人擦鞋不怎么费成本，而且赚钱也快。

事实证明，乔白一的决定是正确的。由于他服务热情周到，收费又合理，第一个月刨去成本，他就赚了将近1万块钱。接下来的几个月，更是月月突破万元大关。以这样的速度赚钱，不出几年，他便可以给父母买一套大一点的房子了。

乔白一想好了，等公考结束以后，他就跟父母说，他不想考公务员了，他要当个擦鞋匠，并带父母到自己的小店里参观，好让他们放心。

谁料父母不知道从哪儿听说了，那天乔白一下班后刚把门锁上，他父母就跑过来教训他，一个劲儿地骂他是败家子，还说他不求上进，堂堂大学生居然在大街上给别人擦鞋。乔白一知道父母是为自己着想，但他却被那句“败家子”深深地激怒了，大吼了一句：“我的事从此以后不用你们管！”

从此以后，乔白一暗暗下了决心，他一定要做出成绩，证明给所有的人看。

接下来的几年，乔白一不断地增加店面，他的擦鞋店很快就遍及了整个城市，而且还扩张到了周边的几个省市。而他的父母早就被他接到了大房子里，那些考上公务员的同学，也都很羡慕他，说他走对了路。

案例中的乔白一，在毕业以后没有“随大溜”考公务员，而是选择了自己创业，当个擦鞋匠。父母知道后坚决反对，但他没有妥协，而是坚持自己的选择，后来生意做得越来越大，不仅给父母买了大房子，而且就连当初考上公务员的那些同学，也都非常羡慕他。的确，有时候选择什么样的生活，就看我们如何取舍。只有那些会取舍的人，才会做出正确的选择。这是因为：

1.肯取舍的人，有明确的人生规划

肯取舍的人，往往都对自己今后的生活有个大致的规划，比如说做什么样的工作，做到何种程度，在什么地方上班，跟什么样的人生活在一起等。碰到符合条件的就去做，不符合条件的就不做。虽然为了生存，可能会暂时做出妥协，但一等条件成熟，他们还是会坚持自己当初的决定。其实有时候选择就是这么简单，我们考虑得越多，反而越没有了主意，适当地删繁就简，才会生活得更轻松更快乐。

2.肯取舍的人，知道自己想要什么

肯取舍的人，心里很清楚自己最想要的是什么。是想要平淡温馨的家庭生活，找个自己爱也爱自己的人，生个孩子，一家人快快乐乐地过一辈子？还是做个职场达人叱咤风云，每天忙忙碌碌，吃不香睡不着，弄得自己身心疲惫？无论选择什么样的人生，什么样的生活，我们都可以好好地活下去。但只有我们知道自己真正想要的是什么，才会做出最正确的选择，走完无悔的一生。

3.肯取舍的人，通常比较了解自己

了解自己的个性、脾气、能力，明白什么样的人才适合跟我们在一起生活，脾气个性都能合得来。做什么样的工作，自己才会开心，能赚到钱，而且做起来特别顺手，也容易做出成绩，有成就感。由于每个人的性格、受教育程度不一样，所以适合从事的工作也会不一样。生活中，最好的不一定是最正确的，往往那些最适合我们的才是最正确的选择。

4.肯取舍的人，对自己会比较负责

别人干什么，自己也跟着干什么，这是一种对自己极度不负责任的表现，也是一种不成熟的表现。对自己负责任的人，会按自己既定的人生规划去生活，该做什么的时候就做什么，而不是看着别人做，自己也模仿着做，或者别人让他们做什么，他们就不假思索地做什么。他们一定会依自己的能力、个性、客观条件，选择最有利于自己发展的工作去做，而不是等工作来选择他们。

看人看事有时也需要一笑而过

在生活中，有时候我们遇到的某些人，或者遭遇到的某些事，常常会让我们有一种很无奈的感觉。我们出于好心帮了别人，别人非但不领情，还反过来责怪我们。事情明明是这样，别人却硬说成是那样，本来两个人都有错，经他的嘴那么一说，好像错全是另外一个人的，他一点儿错也没有，只是无辜的受害者。遇到这种不讲道理胡搅蛮缠的人，我们没必要太计较，因为他们根本就不值得我们费心。一笑而过，既让他们摸不清我们的态度，也表明了我们的态度。

李彩霞知道自她从当上办公室主任以后，厂里很多人都在背后对她说三道四。说她来厂里时间不长，年纪轻轻，又没什么工作经验，谁知道她这个办公室主任是怎么当上的。

但李彩霞坚信一点，身正不怕影子歪，所以懒得去理会别人的流言蜚语，有时候就算听到了也只是一笑而过。她相信只要自己在以后的工作中做出成绩，向所有的人证明自己的能力，谣言自然会不攻自破。

机会从来都是留给有准备的人的。就在李彩霞打算好好表现一番的时候，市电视台的记者到她们厂里来采访了。作为厂里的办公室主任，接待外来重要客人乃是李彩霞的职责所在。

由于李彩霞接待工作做得非常周到，就连电视台的记者都对她赞赏有加，在厂长面前一个劲儿地夸她，说办公室的李主任是个人才，小小年纪说话做事就如此周到。

鉴于记者对李彩霞印象这么好，厂长干脆做个顺水人情，让李彩霞代表他以及厂里接受市电视台的采访。李彩霞没有让大家失望，她表现得非常好，态度不卑不亢，说话不紧不慢，最重要的是，她的回答可以说是相当贴切和得体，既很好地突出了她们厂的实力，又让别人听着心里觉得很舒服。

新闻播出后，那些先前对李彩霞说三道四的人，都不由得脸红了。从那以后，也不好意思再说李彩霞什么了。而李彩霞也装着什么事都没有发生，还和以前一样，继续跟大家说说笑笑。

案例中的李彩霞，年纪轻轻就成了厂里的办公室主任，很多人都对她不服气，在背后说她的闲话，可她并没有在意，只是一笑而过。终于在市电视台来厂里采访的时候，李彩霞抓住机会，好好地表现了一把，让所有的人都对她心服口服，而那些中伤她的人，更是羞愧难当，从此也再不好意思背后议论她了。可见，在生活中，有些事解释是解释不清楚的，反而会越描越黑，看人看事有时也需要一笑而过。那么，遇到哪些情况时，我们可以一笑而过，不与之计较呢?

1.听到自己的流言蜚语时，一笑而过

树欲静而风不止。有些时候，就算我们什么也没有做，但一些别有用心的人还是会给我们编造出一些“故事”来。我们站出来辟谣，他们会说我们是在为自己辩解，反而会更加变本加厉地伤害我们。倒不如装作什么事情也没有发生，不去理会他们，一笑而过。让事实来说话，证明自己的清白，让那些谣言不攻自破，也让那些传播散布谣言的人，找不到攻击我们的理由，更不好意思再胡说八道。

2.别人误解我们的好意时，一笑而过

当然，有时候也可能是我们的原因，还没搞清楚别人的真实意图，就在那儿瞎出主意，乱帮忙。别人可能说的是气话，我们却信以为真，接着别人说的去做，结果别人不但不感激我们，还说我们是帮倒忙。这样的例子生活中很多，别人说得很对，确实也怪我们，不会听话。但是，有些情况下，我们明明是出于好意，却因为人与人之间互相缺乏信任，别人根本不相信我们说的话，这时，多说也是无益，还不如自嘲一下，一笑而过。

3.别人故意想刁难我们时，一笑而过

有些时候，别人可能想试探我们的能力，或者就是想给我们一个下马威，让我们知难而退，不去做某些事。遇到这种情况，如果我们认输，别人就会觉得我们好欺负，以后更不会把我们放在眼里，一定要巧妙地反击，但是要点到为止，给对方一点教训，让对方知道我们的实力就可以了，从今往后不敢再随便找我们的麻烦，然后一笑而过。

4.不能正常跟别人沟通时，一笑而过

由于经历、价值观、人生观的不同，有些人可能跟我们的想法截然不同：我们极力推崇的，正是他所反对的；我们讨厌的，却又偏偏是他所喜欢的；我们说的他不感兴趣，他说的我们又听不太懂。就像是来自两个星球的人，因为缺乏共同语言，根本就没有办法沟通。说得越多，反而彼此之间的分歧越大，矛盾也越来越多，倒不如见了面友好地打声招呼，然后一笑而过。

有放下自己身段的勇气

那些自以为自己很有身份的人，在人际交往中，往往不屑于跟其他人交流，觉得有失自己的身份。没有人生来就是卑贱的，在生命面前人人平等。那些放不下自己身段的人，一般来说，不是虚荣心很强的人，就是内心很自卑的人，所以才需要身份这个光环，让别人觉得他们高高在上与众不同。因为他们已经习惯了生活在鲜花掌声中，没有这些他们就会受不了。由此可见，放下身段也需要勇气。

许泽山是做服装批发生意的。做得最好的时候，周边几个批发市场都有他的铺面，而且生意都还不错。朋友们聚会几乎每次都是他在张罗，账自然也是由他来结。

谁知这两年生意越来越难做，由于许泽山卖的是低端服装，主要针对的是农村市场，因为他认为农村人口比较多，而且农民大多数都舍不得花钱，而他的服装虽然样子老旧了些，质量也算不上太好，可是相对而言价格也是最便宜的。虽然挣不了什么大钱，可也不至于会赔本。

可是最近，进货商们都纷纷抱怨说他的服装质量太次了，样子又老气，就连农村那些老太太们也看不上眼了，所以他们没办法只好来退货了。许泽山一听急了，把货款全部退还，那自己不是彻底赔了吗？

但那些进货商们非要拿到钱才肯走，而且为了防止许泽山跑了，不管许泽山干什么他们都跟在后面，就连上厕所也在外面守着。几天下来，许泽山真受不了了。为了凑钱还账，他转让了好几个铺面，但钱还是不够。现在就剩下地段最好的那个铺面了，那是许泽山的全部心血所在，说什么也不能把它转让出去。

为了还账，许泽山四处筹钱，给以前经常在一起玩的那些朋友打电话，刚开始还有说有笑，但一听说许泽山是要借钱，一个个不是借故有事，就是推脱说很忙。没办法，许泽山只好忍着痛把最后一家店也转了，还完所有的债以后，他身上就只剩下不到200块钱了。

还不到半个月时间，许泽山从一个身家几十万的小老板彻底沦为穷光蛋。为了生存，他干过保险推销员、酒店服务生，在街头发过传单。但每次都坚持不了一个月，他就不干了，总觉得再怎么说自己以前也是个小老板，现在却每天被别人吆来喝去的，受不了。

许泽山三天两头地换工作，他好像忘了他早已经不是老板了。

故事中的许泽山，因为决策的失误，使他几乎一夜之间，从小老板沦为了彻底的穷光蛋。为了生存，他从事过各种各样的工作，但他却始终放不下自己老板的身段，频繁地跳槽。由此可以看出，我们必须要试着面对现实，把自己当成一个普通人，否则，我们将永远无法从过去的阴影中走出来。若要有放下自己身段的勇气，就要做到以下几点：

1.不介意别人忽略自己

当我们不再是老板、领导、名人的时候，身边的人见到我们，可能不会再像以前那样热情，不会再围着我们嘘寒问暖；我们说的话，别人可能也不会再像以前那样重视；甚至当我们出现的时候，别人根本就不会注意到我们。放下自己的身段，我们就要能忍受别人对我们的忽略，对我们的不重视，虽然这很痛苦，但只有真正地放下那个虚衔，我们才会重新面对自己，重新开始新的生活。

2.不介意别人嘲笑自己

当公主不再是公主，而是灰姑娘，王子不再是王子，而是青蛙的时候，别人可能会嘲笑我们，因为别人觉得我们现在跟他们身份已经一样了，我们也不会拿他们怎么样了。这的确令人气愤，但现实就是这样，当我们不再是老板，不再是领导，不再有权利的时候，以前无意中得罪过的一些人，就会借机来取笑，甚至是羞辱我们。我们一定要做到淡然处之。

3.不介意自己是普通人

其实回过头仔细想想，就算我们失败了又能怎么样，没钱又能怎么样，只不过是又回到原来的起点而已，大不了从头再来。人生就是这样的，没有人会一直成功，也没有人会永远失败。可好多人就是想不通，放不下自己的身段，不愿意做个普通人，或者不甘心做个平凡人。只有当我们彻底放下自己的身段，不介意做一个普通人，这样我们才会有东山再起的机会。

在忍与退时懂得调节情绪

忍与退，说起来容易，做起来难。特别是当遇到一些让我们心里很不舒服的事，或者很讨厌的人的时候，我们却只能紧咬牙关忍着，不能发火更不能说话，表面上还要装出一副顺从的样子，答应别人无理的要求，这真不是一般人能做到的。让别人得了好处不要紧，关键是别把自己气坏了。所以，当我们忍和退时，一定要调节好自己的情绪，把荣辱得失看淡一点，这样我们才会活得更快乐。

这些年，焦海洋一直都觉得很对不起父亲。

父亲曾经是很要强的人，不管再苦再难从来都没有向别人低过头。但为了自己和苏婉的婚事，却生平第一次向别人低了头。

焦海洋清楚地记得，那是5年前的一个春天，他和父亲到苏婉家去提亲。由于苏婉的父母一直都不太同意他们的婚事，所以父亲决定亲自去说。苏婉的父母很可能会看在他是长辈的面子上，答应了这门亲事。况且，苏婉知书达理，善解人意，焦海洋全家都非常喜欢，也很希望她能成为焦家的一员。

谁知苏婉的父母欺人太甚了，本来说好要3万礼金，现在看焦海洋的父亲来了，居然狮子大开口，说让他们先拿10万元来，然后再接着谈下面的事，少一分都不行。

焦海洋的父亲一听脸色就变了，但他却什么也没有说。别说是焦海洋的父亲，就连苏婉听了，都觉得她的父母简直是太过分了，把女儿当成商品一样标价出售。明知道焦家没有多少钱，还偏偏说出这种话，这不是摆明了不让他们的女儿和焦海洋在一起，故意给焦海洋的父亲难堪吗？

焦海洋本以为父亲甩手走人，但让所有人都没想到的是他父亲居然同意了，并且还拿出了一个10万块钱的存折，当场交给苏婉的父母。这下苏婉的父母再不好意思说什么了。他们其实心里也清楚苏婉的个性倔强，如果不让她和焦海洋在一起，保不准还会做出什么事，到时候再后悔就来不及了。况且，焦家10万块钱也已经给了，只好顺水推舟答应了苏婉和焦海洋的婚事。

那天从苏家出来以后，焦海洋就发现父亲变得不怎么爱说话了，问他，他也不说。一直到现在。

前几天，父亲说肝部有些不舒服，带他去医院，医生说父亲患有很严重的肝病，并说是因为长期心情不舒畅引起的，焦海洋一下子就想到了5年前的那件事。他真的觉得太对不住父亲了，幸亏父亲的病还不是很严重，不然他一辈子都无法原谅自己。

案例中焦海洋的父亲，为了儿子的婚事，去女方家提亲，谁想女方的父母，不但不看他的面子，反而提出了苛刻的条件。为了年轻人的幸福，他尽管心里不舒服，但还是答应了，然而心里却一下没有放下这件事，还因此患了很严重的肝病。看来，在忍与退时调节好自己的情绪真的很重要，尤其是要从心里放下这件事，否则就算我们忍了退了，心里也不会好过，时间长了，还会导致健康出现问题。那么，在忍与退时，我们该如何调节自己的情绪呢?

1.时刻提醒自己要冷静

就算心里再怎么生气，也一定要冷静，先不要急着发火，听别人把话说完，明白事情的来龙去脉以后，再做出决定也不迟。很多时候，我们之所以会跟别人争吵，是因为别人还没有把话说完，我们刚听了一两句，就因为人家语气或者态度不合适，想当然地自己先做出了判断，事情还没完全弄明白，就火冒三丈跟人家吵起来了，往往吵到最后才发现，人家根本就不是那个意思。所以，在这种情况下，我们一定要时刻提醒自己要保持冷静。

2.告诉自己不要太在意

有些事情，我们当它是个事，它就是个事；不当它是个事，它就不是个事。在忍与退时，如果我们从心里不把我们的得失，我们受到的伤害，别人对我们的羞辱，和别人种种让人难以忍受的行为和言语放在心上，那么，别人就根本不会对我们造成任何影响。

3.把自己当作旁观者

所谓当局者迷，旁观者清。有些事情，当我们以局外人的身份去看、去分析的时候，往往就会发现事情其实并没有我们当时想象的那样，让人无法忍受。相反，我们还可能会发现自己有做的不对的地方，同时也会对别人的所作所为产生同情。在这个世界上，蛮不讲理、厚着脸皮占别人便宜的人毕竟只是少数，人都是有自尊心的。这些，只有当我们是旁观者的时候，我们才会有深切的体会。

4.事情过去以后不再想

向人家错也认了，便宜也让人家占了，该受的罪也受了，事情过去也就过去了，千万不要想着以后找机会报复别人。一定要调节好自己的情绪，不要老翻旧账，这样不但会让自己陷入坏情绪当中，做出不该做的事，还可能让这个心理阴影搅乱自己的日常生活，甚至危害到自身的健康，这样反而得不偿失。

第四章

做人的胸怀：宽容豁达，以德服人

做人一定要心胸宽广，不要为了一点鸡毛蒜皮的事就跟别人争吵。生活中重要的事情何其多，如果我们把时间都浪费在跟别人斤斤计较上，那我们的人生可以说没有一点儿意义。就算是别人有意伤害了我们，为了我们自己着想，也一定要宽容谅解别人，不用极端的方式对待别人。要在事情还有回转余地的时候，用我们正直、诚实和善良的人格魅力去感化别人，让别人体会到我们的良苦用心，这样的关系才会更加牢固。没有容人之量，就干不成大事。

宽容别人就是宽容自己

很多时候，人与人之间其实都是相互的，你对别人好，别人也会对你好，你尊重别人，别人反过来也会尊重你。所以老话说得好：尊人尊自己。我们常常抱怨别人不理解我们、不体谅我们，试问我们又何尝用心去理解体谅过别人呢？我们这次不跟别人一般见识，原谅了别人。下一次，当我们犯同样错误的时候，别人就有可能也会宽容我们。种下什么样的因，就会收获什么样的果。宽容别人其实就是宽容我们自己。

杨敏娟和白晓是一起进公司的。白晓比杨敏娟大两岁。白晓性格文静内敛，平时不怎么爱说话，而杨敏娟则是个假小子，说话大大咧咧，从来都是有什么说什么。然而，性格如此迥异的两个人，却渐渐地成了好朋友。

杨敏娟和白晓都是做业务的。杨敏娟以前在别的地方干过，业绩还算不错，算是有一定的工作经验。而白晓刚从学校毕业，对这一行还不是太懂，刚开始做的时候，经常不知道自己该到哪里找客户。

于是，杨敏娟不忙的时候，常常带着白晓出去跑，两个人一起拜访客户，跟客户谈判，到最后签合同、收款，所有的工序杨敏娟都手把手地教给白晓。例如，拜访客户的时候，应该怎么说话，客户有异议了，作为业务员应该如何巧妙地做出解释。谈判的时候，怎样才能快速地促成客户下定，签合同应该怎么签，必须注意的细节是哪些，收款该怎么收等。

有了杨敏娟的全力帮助，第一个月白晓就超额完成了公司给她定的任务。对于一个新人来说，这是非常了不起的一件事，白晓不但得到了总经理的书面表彰，而且还得到了超额奖金。而杨敏娟为了帮白晓，自己的任务却没有完成，工资也被扣除了一部分。但是看到白晓被公司如此器重，杨敏娟还是很高兴，白晓现在超过自己了，以后自己就可以放手地只干自己的事了，再也不用为白晓操心了。

接下来的几个月，杨敏娟把精力全部用在自己的工作上，每天都出去踏踏实实地跑。一分耕耘一分收获，杨敏娟不但收获了工资和奖金，还积累了大量的优质客户。

而白晓没有了杨敏娟的协助，业绩持续下滑，杨敏娟本以为现在白晓一个人跑应该没问题了，但现在看来问题还不少。于是，杨敏娟去找白晓，问她需不需要自己帮忙。

谁知白晓一听就阴阳怪气地说，她可是领过奖金、受过总经理表彰的人，她的能力公司里的人谁不清楚，还用得着别人帮忙？

听白晓这么一说，杨敏娟是又气又可笑，她没没想到白晓是这样的人，早知道以前就不帮她了。转念又一想，算了，该帮的地方还是要帮，这样做最起码自己心里好过一点儿。

案例中的杨敏娟和白晓是一对好朋友。白晓是个业务新手，由于杨敏娟的尽力协助，她进公司的第一个月就超额完成了任务，还受到了公司的嘉奖。杨敏娟以为白晓以后就可以单独做业务了，便放开了手，没想到白晓的业绩一个月比一个月差，她想帮助白晓，却被白晓拒绝了。她虽然很生气，但还是决定原谅白晓，像以前那样帮助她。我们常说，要宽容别人，殊不知宽容别人就是宽容我们自己，放下心中的得失，这样我们才能活得更轻松自如。因为不跟别人计较：

1.我们的路会越走越宽

所谓退一步海阔天空。有些时候，遇到某些让我们难以理解的人，或者难以释怀的事，如果我们能想开一些，看开一些，那么我们的路就会越走越宽。很多时候，我们总是抱怨路越走越窄，其实这种结果大多数都是我们一手造成的。给别人让路，我们的路才会越走越宽阔。

2.避免为自己带来麻烦

碰到一些不讲理，或者带有攻击性的人时，我们千万不要跟他们过多地纠缠。出门在外，一定要学会保护自己，所谓好汉不吃眼前亏。有些时候，不跟别人计较，或者别人故意找茬的时候，别搭理他们，不给别人伤害我们的机会和借口，这样别人自然也就没兴趣再跟我们闹。这时候，宽容别人其实就是避免给自己惹来祸患。

3.宽容别人是放过自己

事情都过去了，别人可能都不记得当初对我们说过些什么，做过些什么了，而我们却还对往日别人的所作所为耿耿于怀，一直对别人怀恨在心。弄得自己一天吃也吃不好、睡也睡不着，这又何苦呢？还不如原谅别人，让这件事彻底地过去，再也不想它，重新开始新的生活，这样也是放过我们自己。

4.宽容别人是一种美德

我们经常说要有容人之量，这个世界上真正能做到宽容的人真不多，尤其是面对大是大非的时候。宽容别人是一种美德，因为宽容别人可以让我们获得别人的尊重和感谢，同样，宽容别人也可以让我们对我们自己的所作所为做出反思修正，让我们的人格更加完美。

对手体现自己的价值

有一句话说，看一个人的实力，要看他的对手。的确，在事业上，对手就好像是我们的一面镜子，通过看对方，我们可以把自己看得更加清楚。而别人通过看我们的对手，也会对我们的能力略知一二。有什么样的能力，就会引来什么样的对手。能力比我们强的不屑于跟我们争，能力比我们弱的争不过我们。只有那些和我们实力相当的，才会放手和我们一搏，才是我们真正的对手。所以，对手更容易体现一个人的价值。

董红波是一名中学体育老师。由于从小就酷爱打乒乓球，又曾得到一名退役的乒乓球运动员的指点，多年来获奖无数，几乎没有遇到过真正的对手。近几年，董红波更是一直稳坐市乒乓球项目的冠军宝座，没有人能撼动他的位置。

市乒协有个不成文的规定，董红波不用参加初赛、复赛，只参加最后前三名的选拔就可以了。其他选手也纷纷以跟董红波交过手为荣，因为凡是跟他交过手的，基本上就是前两名，可以说都是高手中的高手，也相当厉害。

为了夺得市乒乓球项目的冠军，许多选手都把打败董红波作为自己的目标。在这个地方，如果能打败董红波，不用你跟别人说，别人就会知道你的实力到底有多强。

董红波也明白，很多选手实力其实也非常强，如果没有自己，肯定会是冠军。但没办法，自己始终强了那么一点点，于是别人只能屈居第二、第三。

在这些选手中有一个个子不高的青年非常引人注目。董红波听别人说，他是一名餐馆的服务员，叫王子阳，家里情况不是很好，父母都没有工作，靠做一些小生意维持生计。王子阳上学的时候，成绩非常好，却因为家里的经济条件不好不得不辍学，靠打工养活自己。

王子阳几乎每年都来参加比赛，而且每次都能拼进前三名，董红波有时候真想给王子阳一个机会，让他赢自己一回，这样他就再也不用为生活发愁了。可是他又不能那样做，因为那样做有违比赛公平、公正的原则。

怎样才能既帮了王子阳的忙，又不违反比赛的规定呢？董红波想来想去，想到了一个两全其美的好办法，收王子阳做徒弟。这样，王子阳赢了是青出于蓝胜于蓝，而王子阳输了，是徒弟不如师父，别人也不会多说什么。最重要的是，从此以后，王子阳就可以名声名正言顺地当上市乒乓球队的运动员了。

由于董红波的帮忙，王子阳顺利地进了市乒乓球队。

故事中的董红波，由于从小就打乒乓球，又得到了高人的指点，多年来一直没有遇到真正的对手。但一位叫王子阳的年轻服务员却引起了他的注意，后来他了解到王子阳的家境，出于同情，他决定帮王子阳一把，让王子阳借着他的名气，进市乒乓球队，最后王子阳如愿以偿地实现了自己的理想。这是典型地利用对手体现自己的价值，达到自己的目的。

1.学会尊重对手

因能做到真正地尊重对手的人并不多，好多人都把对手当成是敌人。跟一般人可能还会讲究方法手段，而对对手则是不择手段，无所不用其极。但是尊重对手，其实就是尊重自己，也相当于是告诉其他人，你值得信赖。

2.要向对手学习

既然别人能跟你平起平坐，必然有过人之处。所以，除了充分地尊重对手，把对手当成朋友一样看待之外，你还要学习对手的优点和长处，取长补短，让自己变得更强大。这样，你才不会在不知不觉中落后于对方，而且也便于我们引来更具有实力的其他对手。

3.争取超越对手

不是你超过对手，就是对手有一天超过你。你想超过对方，对方肯定也想方设法想超越你。人的心理都是一样的，除非你的对手不求上进，容易满足，觉得有你这样的对手已经很不错了，不想再往前走了。如果是这样，你更要超越他，因为他已经不配做你的对手了。

4.最后超越自己

最大的对手其实是你自己。只要你战胜了自己身上的弱点，把缺点和错误统统改正过来，让自己变得越来越讨人喜欢，越来越受人欢迎，那么就没有办不成的事。所以，在向别人学习、超过别人的同时，你还要克服自己的各种不良习惯，使自己变得越来越完美，只有这样，你才会变得更有价值，而你的对手也会以你为傲。

敌人变为战友，你的力量更强大

世界上没有永远的敌人，也没有永远的朋友。所谓朋友，只是因为彼此之间的价值观大致相同，所处的立场基本一致，就相当于是同一个战壕里的战友，是利益共同体罢了。而所谓敌人，则刚好相反。我们不要一听到敌人，就神经过敏，觉得双方根本不可能有什么共同语言。几米说，两条平行线也会有相交的一天。事在人为。只要你能化敌为友，强强联手，你的力量就会更强大。

A公司和B公司是这个城市广告业中的翘楚，两家公司的实力不分高下。A公司长于设计，他们的设计师设计出来的作品往往画面简单，但却能一下子抓住消费者的眼球，因此受到客户的一致好评；B公司则长于文案，他们的策划案短小精悍，字字珠玑，方法简单却常出奇制胜，用一句通俗的话说，就是花小钱办大事，所以，那些大的公司但凡有什么活动，都第一个跑来找B公司。

两家公司竞争得相当激烈。因为A公司看到B公司搞活动挣了不少钱，也想分一杯羹，而B公司觉得A公司搞设计成本不高，而且设计费非常可观，也动了想做设计的念头。

本来两家公司刚开始的时候就什么都做，但由于后来人员的配备和侧重点不一样，所以才渐渐地一个以设计为主，一个以策划为主，变成同行不同业。业务上几乎没有冲突，所以好多年了，一直相安无事。A公司成了设计界的老大，B公司则坐上了策划界的头把交椅。

就在两家公司为当老大争得不可开交的时候，谁知螳螂捕蝉，黄雀在后，这个城市又神不知鬼不觉地进驻了一家外资的广告公司。这家外资公司A公司和B公司的业务都做，明摆着是要吃掉A公司和B公司，然后自己当老大。

可是，A公司和B公司发现得太迟了，等他们反应过来的时候，那家外资公司已经占领了40%的市场份额，而且还在继续扩张。

这下A公司和B公司急了，单打独斗肯定不是外资公司的对手，与其让人家一个一个地吃掉，不如两家联手共同对抗外资公司。

这样决定后，A公司和B公司把各自的优质资源进行了全面整合，两家公司暂时合成了一家公司，由于A公司和B公司多年来一直口碑不错，再加上现在两家公司联手后，做出来的东西比以前更好，所以流失的客户又都回来了。

本来这个城市大客户就不多，现在都跑去找A、B公司，那家外资公司很快就做不下去了，最后灰溜溜地退出了这个城市。而A公司和B公司从这次的事件中也看到了自己的优劣势，所以决定今后两家公司虽然还是分开做，但再也不搞恶性竞争了。

案例中的A公司和B公司，在这个城市的广告业中各占半壁江山，两家虽然是同行，但由于侧重点不一样，所以多年来一直和平相处。然而，近两年来，A公司和B公司虽然表面上客客气气，背地里却互相拆台，搞恶性竞争。就在他们争得不可开交的时候，这个城市又来了一家外资广告公司，而且实力相当雄厚，如果A公司和B公司不联手，很可能最后被这家外资公司吞并。为了生存下去，两家公司冰释前嫌，强强联手，最后终于迫使那家外资公司退出了这个城市。的确，当对手变为战友的时候，你的力量会更强大。那么，怎么做才能把敌人变成战友呢?

1.不计前嫌，宽容别人

不管以前双方的矛盾有多大，对方做了多么过分的事，让你无法忘怀，但现在你既然已经答应要和敌人并肩作战了，就一定要不计前嫌，原谅别人。暂时放下过去的那些伤与痛，把全部精力放在现在的合作上，不要让以前的恩怨是非影响了你和敌人现在的关系，因为你们即将要共同面对困难，渡过难关。

2.真心接纳别人的优点

每个人都有自己的优点和长处。和敌人合作，其实就是看准了他们的优点和长处，双方合作有更大的前途，所以才一起做事。既然这样，你就要真心接纳别人的优点，正确看待自己的缺点，只有扬长避短，把双方的优势结合在一起，这样你们才会天下无敌。

3.要把敌人当成是战友

什么是战友，就是双方同生共死，面对同一个敌人，一损俱损一荣俱荣。在和对手合作的时候，只有把对方的利益看成是自己的利益，把对方的事看做自己的事，把对方当成是你的战友，这样，你和对方才能配合得更默契，做起事来才会更加用心，因为对方的生死关乎你们的性命。

4.跟敌人目标必须一致

在一定的基础上，为了共同的目标而选择合作，这样双方的合作方能长久，也会更加稳定。否则，就失去了合作的必要，双方也根本不可能合作长久。人都是自私的，如果不是为了生存得更好，根本不会轻易受别人牵制，所以，在和对方合作的时候，目标必须要一致，这样双方才会为实现共同的目标拼尽全力。

对手步步紧逼，更能激发你的潜能

很多人在做出一番成绩以后，在谈及自己成功的原因时，都或多或少地提到了对手对他们的事业产生的影响。拥有一个旗鼓相当的对手，对任何人来说都是幸运的。而好的对手就像是我们的知己，他对我们非常了解，甚至有时候比我们自己还要了解自己。这样的对手往往才是最可怕的。因为他好像就在我们的身边，无时无刻不在监视我们，我们稍有不慎，就会被他打败。所以我们不但做事要比以前更加谨慎，还要拼尽全力去对付他，不知不觉，我们的潜能就被激发出来了，而我们也变得更强大了。

爱客超市和家家乐超市是某城市最大的两家百货超市。

爱客超市在广场上搞活动，家家乐超市也不甘落后，在他们的对面搭起了台子，而且还请来了乐队，又唱又跳，吸引了大批的人围观。虽然说最后卖出的东西没有爱客超市的多，但也算是给他们做了一次形象广告，让更多的人知道了家家乐的大名。

为了把客源稳定下来，爱客超市推出了"购物满50元免费办会员卡"的活动，一些家庭主妇听说了都到爱客超市来买东西，因为一旦成为会员，以后在爱客超市买东西就可以享受一定的折扣，而且还可以积分拿大奖。这对她们来说诱惑可不小。

你方唱罢我登台。这边爱客超市广纳会员的活动还没有结束，那边家家乐超市"寻找最忠诚客户"的活动正进行得如火如荼，活动规定凡是在家家乐超购物超过5次，消费不低于50元者，就是家家乐超市的最忠诚客户，今后在家家乐超市购物就可以享受最低折扣。又一次切切实实地抢了爱客超市的风头。

有这样强劲的对手，爱客超市丝毫也不敢懈怠，商场如战场，稍不留意，自己就会被别人打败。尤其是家家乐超市这样实力非常强的对手。

在“3·15”消费者权益保护日，爱客超市在全城掀起了“寻找假货”的活动，消费者如果在他们超市发现假货、过期的货品或者有瑕疵的货品，一律以商品原价格的10倍向消费者进行赔付。这个活动一经推出，既达到了促销商品的目的，又相当于告诉消费者，爱客超市没有假货、次货、过期的货，消费者可以放心购买，真是个一举两得的好办法。

就连家家乐超市的老总，也对爱客超市的这一举动深感佩服，再也不跟爱客超市正面竞争了。

由于爱客超市货品丰富，连锁店又都开在大型商场的旁边，而且爱客超市的东西相对高档，一般的消费者根本消费不起。针对爱客超市的这一缺点，家家乐超市决定把自己的超市开到一些大的小区门口，而且扩充一些价格相对便宜，并且质量很不错的货品，而且增加食品和水果、蔬菜的上货量，这样，就可以有效留住一部分客户。

事实证明，家家乐超市的决定是正确的，他把爱客超市的劣势变成了自己的优势，而爱客超市为了不丢掉原有的市场份额，继续走中高端路线，两家超市都渐渐形成了自己的特色。

案例中的爱客超市和家家乐超市实力相当，可谓棋逢对手，爱客超市一有什么动静，家家乐超市也不甘落后紧随其后，两家的竞争非常激烈。后来家家乐超市转变了经营思路，把连锁店开到了小区门口，而且把货品做了调整，经过一系列的改革，终于做出了自己的特色，避免了和爱客超市的正面竞争，爱客超市则继续走中高端路线，两家超市都越做越大。由此可见，只有当对手步步紧逼，想打败我们的时候，我们的潜能才会最大限度地被开发出来。为什么这么说呢？

1.我们必须保持最佳状态

为了不被对手打败，或者不被别人吞并，我们必须时刻保持最佳状态。因为，如果我们不这样做，放松了或者懈怠了，就会被一直紧盯着我们的对手看出破绽，从而向我们发动更强有力的攻击，只有当我们的体力和精力都非常旺盛的时候，别人没有把握战胜我们，又找不到下手的时候，才不敢轻举妄动。

2.我们必须思维更加缜密

所有的竞争其实最后都是智慧的较量，谁的目光更远大，考虑问题更全面，思维更缜密，做出的决定也就越正确。而一个正确的决定有时候对一场战争来说具有决定性的作用，要不然怎么会说一战定胜负呢，本来实力相差不是很大的两个人，却因为一个人做出了正确的决定，而一个人做出了错误的决定，瞬间便分出了高下。

3.我们必须做事更加谨慎

有好的思想做指导，还要有完美的行动配合完成才行。好多时候，我们的想法是正确的，考虑得也很周全，却因为做的时候，不够谨慎，选错了人，或者说话做事不小心，使本来可以成功的事，最后却因为我们的失误而无法挽回。所以，为了打败对手，我们做事必须要更加谨慎，这样不知不觉我们就变得更加成熟了。

4.我们必须比对手更加强

如果我们想成为最终的胜利者，必须比对方实力更强大才可以，唯有如此，才会让对方输得心服口服。所以，我们必须一方面小心应战，另一方面还必须做好长远地打算，暗地里苦练内功，只有当我们把自己变得更强大，让自己变得更有实力，才不会时刻担心会被别人击败。

最后的胜利属于谁并不重要

对于一个真正的成功者来说，最后的胜利属于谁并不重要。因为在他们看来，人生仅仅是一场比赛，还有许多比比赛更重要、更值得他们去关注、去做的事。常胜将军还有马失前蹄吃败仗的时候，所以暂时的成功或者失败根本说明不了什么。我们胜出了，并不代表我们就一定比别人强，而别人赢了，也并不能说明我们就一定不如他们。只有那些对自己信心不足的人，才想要证明自己。真正做大事的人，他们从不和别人比，因此，输赢对他们来说，并不是很重要。他们认为，最大的敌人往往不是别人，而是自己。

李子悦和纪元年分别代表各自的公司去参加市里举办的“百科知识竞赛”。在竞赛现场，两个人的表现都非常出色，李子悦可谓上知天文，下知地理，而纪元年的逻辑思维能力非常强，理科类的题目几乎难不倒他，他总是能在最短的时间内做出正确的判断。

所以几轮下来以后，李子悦和纪元年的成绩一直在伯仲之间，胜负难分。通过刚才的较量，李子悦心里其实挺佩服纪元年的，觉得他年纪轻轻思维就如此缜密，而且反应也非常快，自己是没法跟他比的。而且李子悦看得出来，纪元年对他好像也并不反感，因为他看自己的眼神一直是友善的。

而这边纪元年同样也在想，这个李子悦看起来文文弱弱的，但没想到嘴巴还挺厉害的，就连评委都被他说得一愣一愣的。而且李子悦就仿佛是一本活字典，有些自己以前听都没听过的典故，李子悦居然都能说出个一二三来。长这么大，自己还是第一次碰到这样强劲的对手，实话实说，若单比文科，他肯定比不过李子悦。

比赛非常激烈，100多位选手，很快就剩下了不到10名，而李子悦和纪元年的成绩则一直遥遥领先。快到中午的时候，李子悦和纪元年分别淘汰了各自小组的其他对手，最后两个人终于面对面地站到了一起。

说实话，李子悦和纪元年其实心里都没有必胜的把握，但既然必须要面对，就要全力以赴。前面的几个题两个人都答对了，到了最后一个题目，主持人问李子悦和纪元年：“在人与人交往中，礼貌称呼是很重要的，它有‘尊称、谦称、雅称、婉称’等书面语，下面属于他人母亲雅称的是（ ）A.椿萱 B.萱堂 C.泰山、泰水 D.巾帼。”

李子悦从小饱读诗书，这种常识显然难不倒他，主持人话音刚落，他就说出了正确答案。全场立刻沸腾了，特别是李子悦单位的同事，简直比自己得了奖还要高兴。

接过主持人手中的奖杯，李子悦幽默地说："其实，今天得到这个奖真的非常幸运，大家都看出来了，在理科上我不如纪元年，而文科比他稍好一些，所以我算是捡了个便宜。大家千万不要以为我比纪元年厉害，其实我还真算不过他，原以为我是第二，没想到算错了成了第一。"

所有人都哈哈大笑，就连纪元年也笑着对他说："就是，最后的胜利属于谁并不重要，只不过这次你的运气比我好。"

案例中的李子悦和纪元年，分别代表各自的公司参加市里的百科知识竞赛，两个人都非常厉害，100多位选手，最后站在台上的就剩下他们两位，比赛非常激烈，也非常残酷，刚开始两个人一直没分出胜负，到最后一题，李子悦说出了正确答案，成了最后的胜利者。但李子悦并没有因此就认为自己比纪元年强，只是觉得自己幸运一些罢了，而纪元年也是同样的想法。可见，最后的胜利属于谁，有时候真的并不重要，因为：

1.成功和失败只是暂时的

成功和失败只在当时重要，而事后只会被当做回忆。况且，这次偶然成功了，并不代表我们下一次也一定会成功，而这次失败了，也不能说明我们就一定不如对方，因为影响失败的因素有很多，不要太当回事。

2.还有比结果更重要的

比赛输了不要紧，我们千万不能把自己也输了。有些人，遇到比如上述情况，很可能会说是主持人暗箱操作，故意让别人赢自己输，我们这样说就不对了，不但会引起别人的反感，还会说我们输不起，成败只是暂时的，愿赌服输，我们才能进步，一定要记得，还有比比赛结果更重要的，那就是做人。

3.把机会留给更需要的人

我们在这个领域已经多次获奖，而且别人都已经知道了，这个时候，我们也要学会功成身退，把机会留给那些更需要的人。要知道，这个时候，得不得奖对我们来说，已经没有多大意义了。而对一个急需要证明自己，急需要获得别人的认可的年轻人来说，这份荣誉是多么重要。

4.最大的对手其实是自己

跟别人比，的确能让我们知道自己的差距在什么地方，没有对手是孤独的，因为我们会迷失了自己的方向，不知道自己的位置在什么地方，其实，我们最大的对手是自己，只要我们战胜了自己，就没有做不到的事情。

真心为对手喝彩会为你迎来下次机会

有些时候，我们因为技不如人，或者发挥失常，失去了成功的机会。这其实很正常，我们之所以没有战胜对方，除去运气的因素，很大程度上，是因为我们做得还不够好。认识到自己和别人的差距，知道自己失败的原因是什么，明白自己以后该怎么做，才能赶上或者超过别人。愿赌服输，输了真心诚意地向别人认输，并且发自肺腑地为别人喝彩，才会赢得别人的尊重，从而为我们赢得下次机会。

鲁爱华在一家服装店上班，她的对面也是一家服装店。老板是一位个子不高的阿姨，听别人说，她姓赵。没顾客或者无聊的时候，鲁爱华便仔细观察那位赵阿姨。

赵阿姨的店并不大，卖的衣服的样子也一般，可奇怪的是，赵阿姨的店里一天到晚老有人，还络绎不绝的。而她的店里却冷冷清清的，没什么人，一天也卖不出去几件衣服。鲁爱华心里很着急，她想要是再这么下去，估计她就该走人了。

有些时候看赵阿姨太忙，鲁爱华便过去给她帮忙。而赵阿姨出于感谢，也会给鲁爱华讲一些卖衣服的诀窍，每次鲁爱华都听得非常认真。虽然说她是学市场营销的，销售的窍门也算知道得不少了，可是在实际销售中，她承认她真的不如这位初中还没毕业的赵阿姨。所以，赵阿姨讲的话她都暗暗地记了下来。

慢慢的，在赵阿姨的指导下，鲁爱华知道该怎么接待顾客了，也学会看人说话了，店里的生意也有了起色。顾客多的时候，鲁爱华还把赵阿姨叫过来给她帮忙。然后在发了工资以后，请赵阿姨出去吃顿饭，或者给赵阿姨买个礼物。鲁爱华这么做不仅仅是出于感激，说实话，她真的从心里面佩服赵阿姨，因为赵阿姨不但会做生意，而且还很乐于助人。看到鲁爱华进步这么快，赵阿姨发自肺腑地为她骄傲。

赵阿姨有位亲戚是服装城的老板，为人很不错，而且他那里面生意比自己的小店还要好，现在服装城缺一名经理，招了好多人，赵阿姨那位亲戚都不满意，说让赵阿姨帮忙推荐一位，赵阿姨一下子就想到了鲁爱华。

现在鲁爱华已是服装城的副总经理了，说到自己的今天，她总是不忘那位赵阿姨，鲁爱华常对自己的下属说，一定要发自肺腑地为别人喝彩，因为这会为你创造更多的机会。

案例中的鲁爱华，在刚刚卖衣服的时候，什么也不懂，但她对面的赵阿姨虽然学历不高，做起生意来却有自己的一套方法。鲁爱华从心里佩服赵阿姨，赵阿姨也很欣赏鲁爱华的好学，于是把自己的生意经都传给了鲁爱华。因为鲁爱华本来就有理论基础，再加上现在的实践，很快就超过了赵阿姨。但是两个人关系一直很好，后来，赵阿姨还推荐鲁爱华到她亲戚的服装城去任经理。可见，不耻下问，发自内心地为别人喝彩，我们才会一天比一天进步，才会迎来更多的机会。那么，我们该如何发自肺腑地为别人喝彩呢？

1.真心向别人认输

自己本来就技不如人，所以一定要向别人认输。要从心里承认别人比自己强，做得比自己好。只有这样，我们才能正确看待自己，看清楚自己的不足，以后也好有奋斗的方向和努力的目标。况且，做人要有担当，输了就是输了，即使我们不承认，也还是输了。所以，真心向别人认输，也是给了我们一次进步的机会。

2.虚心向别人请教

技不如人，我们就要学人。学习人家的长处，弥补自己的短处，这样我们才能接近成功。不能不如人还不学人，嫉妒别人比自己强，这样做非但对我们没有任何好处，还会让其他的人也对我们产生看法，给我们造成很坏的影响。不足之处，一定要向别人虚心地请教，三人行必有我师。

3.诚心为别人喝彩

别人得了冠军了，别人获奖了，别人评上职称了，看着别人神采飞扬的样子，我们心里不酸那是假话。我们之所以没有得第一名、没有获奖、没有评上职称，是因为我们做得还不够好，付出得还不够多。所以，我们要诚心为别人喝彩，因为总有一天，站在领奖台上的会是我们。

4.平常心对待输赢

即使自己输了又能怎么样，日子不还是得照样过，况且有些时候，输赢并不是能力问题，还会有其他原因。所以我们要客观看待，既不能把输赢看得太重，又不能完全不当回事，一定要把它的位置摆正，以平常心对待。努力改进我们的不足，争取赶上或者超过别人，只要我们尽力了，就算最后失败了也无怨无悔。

用你的人格把冤家变为“缘”家

在工作和生活中，有些人和同事或者亲戚朋友有了矛盾或纠纷，不想办法解决，还打算一辈子和别人老死不想往来，变成彻底的冤家。其实他们不想想，好多问题的出现，难道都是别人单方面的错吗？好多时候，我们之所以和别人闹到无法收场的地步，自己也至少要负一部分责任。只要我们心胸豁达，不跟别人过分计较，理解体贴别人的难处，以德服人，让别人心服口服，总有一天，冤家也会变为“缘家”。

马天山是爱家房产的置业顾问，刘涛是百安房产的置业顾问。爱家房产公司是百安房产公司最大的竞争对手，所以马天山和刘涛虽然经常在带客户去看房子的时候碰面，但关系一直都不好。

马天山记得很清楚，有一次他带一个客户去看房子，客户对房子的朝向、户型、大小都挺满意的，价格马天山也谈好了，谁知道送客户出门的时候，他刚一转身，那个客户就被刘涛接到他们公司去了。

虽然说，同行撬客户是常事，马天山也很理解刘涛，但这口气他就是咽不下去。于是，他也逮了个空子，把刘涛的一个客户撬了过来。刘涛知道后，气得直咬牙，可谁让他撬人家客户在先呢？

原以为事情就这么结束了，谁知道后来，刘涛的客户三番两次地被马天山撬走了。刘涛每每气不打一处来，真想立刻冲到爱家房产公司去找马天山算账，但他心里清楚，自己那么做的后果是什么。冤家宜解不宜结，如果当初不是他先撬马天山的客户，马天山现在也不会这么对他，算起来，他才是真正的罪魁祸首，始作俑者。

马天山原本以为自己撬走了刘涛的客户，刘涛一定不会放过自己，谁知道刘涛见了他还跟以前一样，见面点头微笑一下就过去了，好像自己撬得不是他的客户，而是别人的。

不仅如此，有一回马天山刚要带一个客户上楼去看房子，刚走到路口，他的手机就响了，他姐说他爸晕过去了，要他马上回家。就在马天山不知道该怎么办的时候，刘涛上楼来签房源。

事情办完以后，马天山回到公司，刚坐下，那位客户就来找马天山，说是要跟他签合同，还说他的那位同事人挺好的，一直把他送到公司门口才走。

马天山一听连忙追出去，却只看见刘涛的背影。从那以后，马天山再也不撬别人的客户了，而且他和刘涛还成了好朋友，现在则是名副其实的好搭档。

案例中的马天山和刘涛，分属于两个不同的公司，而且两个公司还是竞争对手。有一次马天山的一个客户被刘涛撬走了，马天山出于报复，如法炮制也撬走了刘涛的几个客户，刘涛虽然心里很生气，但却没有去找马天山理论，因为他觉得是他先错了。后来，在刘涛人格魅力的感召下，马天山不但和他成了好朋友，还成为了好搭档。由此可见，有些恶劣的关系并不是不能改变的，只要我们有足够的耐心，总有一天会用自己的人格把敌人变成朋友。那么，我们怎样才能把冤家变为“缘家”呢？

1.用明晓的道理说服人

要跟对方讲道理，如果对方能听得进去的话，最好把事情的前因后果都分析给对方听，用通俗易懂的道理来说服对方，让对方认识到自己的错误。这样，对方就不会再跟我们继续纠缠下去，说不定还会因为我们对他的提醒，而对我们心存感激，这样就算我们和别人本来是冤家，最后也会通过解释，还原出事情的真相，而慢慢地变成“缘家”。

2.设身处地理解同情人

遇到事情的时候，多站在别人的角度上想一想，从别人的立场出发考虑问题，这样我们或许就能理解别人为什么会那么做，也就能体会别人的难处了。这样，我们就会因为明白了事情发生的原因，而不忍心再去责怪对方，而且还会从心底深处同情对方，为别人设身处地地着想，不再跟别人计较。这样，久而久之，别人也会原谅我们，和我们化敌为友。

3.用豁达的心胸感动人

做人心胸一定要豁达，要能想得开，看得开，不跟别人斤斤计较。该让的地方让一让，该退步的时候退一步。此路不通我们可以换一条路再走，条条大路通罗马。

4.用高尚的品德感化人

为人要正直、诚实、善良，不轻易去伤害别人，对伤害过自己的人要宽容，这其实也是为我们自己好。切身体会别人的苦衷和难处，这样别人嘴上不说，心里也会感激我们。人心都是肉长的，只要我们真心地对别人好，迟早会感动别人。要用高尚的品德让别人对我们心悦诚服，和我们变成“缘家”。

第五章

做人的境界：举重若轻，取舍有道

从很多成功人士的人生经历中，我们可以看出，他们之所以能成功，很大程度上是因为他们有乐观和豁达的心境，尤其在遭遇生活的挫折和命运的打击之后，依然能坚忍不拔地做着抗争。拥有积极的心态，即使遇到再大的困难，也不会沮丧，不会失望，不会放弃，只要坚持不懈地努力，一定能够克服困难，走向成功。

积极的心态是成事的关键

人的一辈子，不可能永远一帆风顺。生活中，我们总会遇到各种挫折和打击，伤心、失望、沮丧和痛苦会时不时地笼罩着我们的心。有些人遭受了生活的打击之后，往往感叹世事不公，从不积极地想办法解决问题，那么只能在痛苦中徘徊。相反，积极的人则很少抱怨生活，他们总是能行动起来，让痛苦和挫折激发自己无限的潜能。

居里夫人年轻的时候，非常好学。可是由于家境贫寒，在她初中毕业之后，不得不放弃了去巴黎上大学的机会。为了挣钱贴补家用，她经人介绍来到了一家贵族家庭当家庭教师。

贵族家有一个大公子，叫做卡西密尔，他和玛丽亚年龄相仿，而且和她很能聊得来，于是两人坠入了爱河。恋爱了一段时间之后，两人打算结婚。当卡西密尔父母得知后表示强烈反对，虽然他们知道玛丽亚聪明伶俐、品性极优。可是他们觉得玛丽亚家境贫寒，与他们家门不当户不对。一开始，卡西密尔非常坚决要娶玛丽亚。可是后来，多次交谈都没有结果，卡西密尔的父亲大发雷霆，母亲则几乎晕了过去。卡西密尔的决心渐渐地发生了变化。

就这样，玛丽亚陷入到失恋的痛苦中无法自拔，她曾经一度有过自杀殉情的念头，可是后来她并没有那么做。她把主要的精力转移到了学习中去，而且还帮助当地的贫困农家的孩子学习。三年的时间很快就过去了，玛丽亚找到了卡西密尔，和他进行了一次深谈。可是直到这时候，卡西密尔依然犹豫不决，没有做出明确的决定。

于是，玛丽亚毅然决然放弃了这段感情。她用这三年的时间攒的钱去巴黎求学。在那里，她不但学到了知识，而且还遇到了她真正的幸福。

案例中的居里夫人在遭遇到感情挫折之后，迅速地调整心态，积极面对生活，终于在事业和爱情上取得了收获。可见，在面对挫折和打击时，要有勇气去面对，要用积极的心态去迎接，你的乐观往往会给你带来意想不到的收获。那么，如何才能让自己拥有积极的心态呢？

1.无论如何不要轻易怀疑自己

任何时候，当你相信自己是个英雄的时候，那便会一直让自己坚持到底，即使遭遇了再大的失败，你也不会因此而放弃。相反，如果你开始怀疑自己的时候，事实上你已经对自己进行了否定。你的精神会迅速地向着下坡滑去。所以，不管遭遇到什么挫折和失败，都不要轻易怀疑自己。如果连你自己都怀疑自己，那么还有谁会相信你呢？

2.告诉自己，事情还不是最坏

无论事情多么糟糕，都要告诉自己，还没有到最坏。你就不会因此而放弃自己，你才有勇气重新站起来。例如：失恋了，你告诉自己，幸亏还没有结婚。即使离婚了，也要告诉自己，幸亏还没有孩子。这样一来，你在比较中感受到的是感恩，而不是抱怨。至少事情还没有到最坏的程度，你还有什么理由让自己沉沦呢？

3.要明白再痛苦也无法改变结局

你要告诉自己，即使你再痛苦，再悲伤，但是也无法改变事情的结局，反而会让你遭受精神的折磨。要想让事情朝好的方向发展，那么唯一能做的就是擦干眼泪，抓住时间和机遇，不断地努力和奋斗。当你明白了这个道理之后，你便不会再沉浸在悲伤之中了。事实上，也只有这样，你才能用积极的心态来面对生活中的那些疼痛。

无论如何不要做绝望的人

生活中，我们会遭遇到意想不到的伤害和打击，如事业受挫、家庭危机、环境压力等，通常会对生活失去了兴趣，丧失了所有的斗志，面临着绝境，仿佛到了世界的末日。然而，上帝在关上一扇门的时候，同时会为你打开一扇窗户，任何事情都没有那么绝对，往往在绝望中孕育着希望。只要你勇敢地、坚强地走过那些黑暗的日子，崭新的生活就会展现在你的面前。

有两个人结伴想要穿越沙漠，可是进入沙漠之后的第二天，他们就迷失了方向，没有食物，就连随身带的水也很快喝完了。更为糟糕的是，他们中的一个人因为中暑，已经没有力气继续行走了。望着无边无际的沙漠，两人感觉到非常无助。

后来，那个健康的人挣扎着站起来说："没有水和食物，我们根本没有办法走出沙漠。现在你耐心地在这个地方等着，我去找水。"说完，他把随身带的枪递到了同伴的手里，叮嘱他说："这把手枪里一共有五发子弹，你要记清楚，三个小时之后，你每过一个小时打一枪，我听到枪响后会辨明方向与你会合。"

很快，两个人便分开了。一个人满怀希望地去寻找水，而另外一个悲伤地躺在原地等待着死神的降临。很快，三个小时过去了，始终没有见到寻找水的那个人回来。躺在地上的人于是扣动了扳机，打响了第一枪，可是除了枪响之外，再没有任何的声音。这时候，他的心里更加疑惑了，如果去找水的那个人发生了什么不测，那么自己不是没有任何活下去的希望了吗？他越想越害怕。

之后，他每过一个小时，打一枪，当打到最后一发子弹的时候，他想："这是最后一颗子弹了，我的同伴是无论如何也听不到枪响了，他是回不来了，要是能回来的话不早就回来了吗？当我把这颗子弹打完了之后，我只能静静地等死了。到时候，我还没有完全咽气呢，秃鹰将会啄食我的眼睛，那实在是太痛苦了。”想到这里，他把枪口对准了自己的太阳穴。

过了几分钟，那个前去寻找水的人带着一个商旅骆驼队赶了过来，他们带着很多的清水，完全可以将躺在地上的那个人救回去，可是这时候，躺在地上的只是一具尸体了。

案例中的那个躺在地上的人之所以会死亡，不是沙漠，也不是烈日，更不是水源，而是他那颗绝望的心。如果他不是那么绝望，或许他就能活下来。正是因为他的绝望，让他放弃了生存下来的欲望。可见，一颗绝望的心往往会把一个人送入万劫不复的境地。所以，无论任何时候都不要轻言放弃，不要服输和认命，不要做绝望的人。那么，我们究竟如何才能做到这一点呢？

1.不要轻易让自己放弃

不管遇到多么大的挫折和失败，都不要轻言放弃。放弃了自己就是放弃了峰回路转的希望。事情没有到最后时候，都是有希望出现奇迹的，哪怕是百分之一，也是有希望的。如果放弃了自己，就会放弃了改变的机遇。

2.不要轻易服输和认命

很多人在遭受生活的挫折和打击之后，往往把这一切都归结在命运的身上，觉得这一切都是命中注定的，觉得自己是抗争不过命运的。所以消极地认命，不再做积极地争取。事实上，不是命运决定了你，是你造就了自己的命运。如同案例中的躺在地上的人，要不是认命，估计也不会轻易地放弃自己，结束生命。无论如何，只要你敢同命运作斗争，你就有赢的机会。

3.凡事往好的方向去想

生活中，只要遭遇挫折和打击，人本能地都会把事情往坏处想。当然，如果做好最坏的打算，做好应急的预案并不是坏事。但是如果你始终把事情想得很坏，或许事情还没有到那个程度上，你的心情和情绪已经达到了最坏，这样，反而对事情的发展有误导作用。如果你把事情往好处想，你的情绪好转，说不定事情真的并不是那么糟糕。就如同故事中的那个中暑的人，如果他不是把事情想得那么坏，他是绝对不会饮弹自尽的。

始终保持快乐的心情

生活中，很多人都觉得非常不快乐，他们总是感觉疲惫，整天为了生存在不停地奔波，每天为琐碎的事情而劳心伤神，想简单，想要快乐是一件多么奢侈的事情。事实上，是他们太在乎外在的东西，而忽略了去经营自己的内心。很多东西你只能放弃一些，才能获得一些。而快乐与否，关键看你是否知足了。

一次意外的机会，小鹏获得了去美国旅游的机会。在那里，导游告诉他："在西雅图有一个非常特殊的卖鱼的市场，在那里买鱼据说是一种享受。"这勾起了小鹏内心之中极大的兴趣。

在一个晴朗的日子里，小鹏和朋友一起在一个导游的带领下，来到了传说中的这个鱼市。在那里，空气非常污浊，鱼腥味呛得人喘不过气来。可是鱼贩们中间时常传出快乐的笑声，他们欢声笑语，他们把冰冻的鱼传来传去，像棒球队员一样，配合得那么默契。大家互相吆喝着，非常开心。

小鹏觉得在这样的环境中卖鱼应该会非常压抑，可是他们为什么这么开心呢？他好奇地向鱼贩说出了自己内心的疑惑。

鱼贩说："没错，前几年，我们这个地方死气沉沉，没有生气。大家都感觉非常痛苦，对待工作没有半点激情，更多的是抱怨。后来，这种痛苦大家实在受不了了。要是有人建议不妨来做个游戏，既能卖鱼，又能娱乐。于是大家进行了第一次尝试，结果效果非常好。于是大家都认识到了，现状无法改变，那么抱怨只能让我们更加的痛苦，与其受这种煎熬，不如换种思维去思考，不要把工作当成一种责任，而把它当成一种艺术去热爱。就这样，大家在一起想出了各种各样的想法，就这样，出现了一种奇迹。"

由于长期锻炼，在这里的鱼贩的身手几乎可以去马戏团里进行表演了。这种对生活的积极态度感染了很多人，很多在写字楼里上班的白领有时候趁着吃饭的时间来到这里，享受他们的这种快乐。还有很多企业的领导人也来这里寻求让团队激情四射的方法。

案例中的鱼贩在恶劣的环境中不断抱怨生活，结果让他们自己遭受了痛苦的煎熬。后来他们转变了想法，让自己始终保持着快乐的心情，不但生活轻松了很多，而且工作效率也提高了很多。可见，快乐的心情能帮助我们走出逆境，能让我们正确地对待生活。那么，我们究竟如何才能始终保持快乐的心情呢？

1.无论如何不要去抱怨生活

事实上，生活不可能真的如你所愿。因为人的欲望永远没有极限。很多人、很多事情总是差强人意。如果你去抱怨，你会发现你自己什么也不是，你的内心也会因为期望和现实之间的巨大落差而压抑。这样，你便常常生活在痛苦和郁闷当中。相反，如果你总是抱着一颗感恩的心去看待世界，你多的是一份满足，多的是一份快乐。

2.多想想曾经拥有的快乐往事

如果你的脑子里总是在不停地想那些给你造成伤害，让你痛苦的事情，那么你便无法摆脱痛苦的纠缠，你的心自然也会被压抑。这时候，如果想想你曾经拥有的快乐时光，你的心情会慢慢地好起来。所以，要想让自己始终保持快乐，那么就忘掉伤心和悲伤的事情，记住快乐和轻松的瞬间。

3.转换角度，把苦难当做享受

很多时候，我们在遭遇了苦难之后，往往内心中觉得痛苦，觉得受了伤害。如果你能转换角度，把苦难当做上天的赏赐，用心去享受，那么你感觉到的就是满足，是快乐，而不是痛苦。所以，当你心情不好的时候，不妨转换角度，把不愉快和痛苦当做享受，用心去感悟，你会发现，生活轻松了很多。

不要随便为自己找借口

失败的人找借口，成功的人找方法。一个人没有达到自己的意愿，总会找很多的借口。相反，一个想要把事情做好的人，却在千万百计地想办法去解决问题。同样，一个四处找借口的人往往在失败和挫折的路上越走越远，一个找方法的人则能迅速地从逆境中走出来。因此，不论遭遇什么样的困难和挫折，都不要给自己找借口，有了借口你就会放弃努力。那么，如何才能做到不为自己找借口，不为自己开脱呢？

美国四星级上将巴顿在提拔下属的时候有自己独特的一种方法。那就是在遇到问题的时候，把所有的人集中起来，从他们中间挑选出最会解决问题的人。

有一天，巴顿突然把下属们召集起来，对他们说："年轻人，我现在要你们在仓库的旁边挖战壕，必须要挖90厘米宽、180厘米深，而且要在两个小时内完成。"说完，头也不回地回到了自己的房间里。

事实上，巴顿并没有在房间里喝茶看报纸，而是通过后门出去，悄悄地躲在了仓库不远处的一块空地上。通过障碍物的遮掩，认真仔细地观察起了下属的反应。下属们找来了锹和镐，但是并没有立即行动起来，而是坐在空地上开始讨论为什么要挖这么浅的战壕。

有人大声喊着说："敌人离我们有十万八千里呢，现在挖战壕究竟是为了什么啊？"

"90厘米宽、180厘米深的战壕，连个鬼都藏不住，我真不明白挖这样的战壕到底有什么用！"说完，狠狠地将锹仍在地上，一屁股坐了下来。

"这样的战壕，待在里面一定会很不舒服，会很热的。"有人说。

"不对，是很冷的。"

又有人说："两个小时内，要围着仓库挖一条战壕，怎么可能呢？当我们是机器啊！真不知道那个疯子是怎么想的。"

“我们是军队的军官，怎么能干这种粗活呢？真是活见鬼了。”

最后，一个男人吼道：“那个疯子究竟想干什么跟我们没有关系，我们还是抓紧时间挖完战壕吧。”说着，抡起镐干了起来。

这时候，巴顿从障碍物后面走了过来，把那个最后说话的人叫进了办公室，委以重任。

案例中的巴顿从最后一个说话的军官的话里，听出了他不是一个找借口的失败者，而是一个找方法的成功者，所以才会提拔他，并且委以重任。因为，找借口往往会让我们失去勇气和斗志，继而是抱怨和抵触。相反，找方法则能激发你的勇气和力量，让问题得以尽早解决。那么，究竟如何才能做到不找借口，找方法呢?

1.不要去问那么多的为什么

很多人有很强的怀疑精神，总爱问为什么。事实上，你的怀疑就是不敢面对你所遇到的困难。与其问那么多的为什么，不如想想有什么办法能处理问题。

2.相信自己

很多时候，我们在找借口的时候，往往是在怀疑自己的能力。不敢挑战，你也就失去了机遇。到最后，你真的就会变成平庸者。因此，这时候，你不妨多想想方法，少找借口，你在背负压力的同时，把握住实现自我的机会。例如：公司派你去外地去开发市场，如果你总是找这样那样的借口推辞，那么无疑是觉得自己能力不行，做不好，这样把晋升的机会让给了别人。

3.行动才是解决问题的办法

抱怨和借口不能解决任何的问题，只有行动才是出路。遇到困难和麻烦之后，与其找借口，不如找方法积极行动起来，在别人抱怨着问题不能解决的时候，解决掉你的问题。

□ 时刻给自己信心，生活总是充满希望

人生不可能一帆风顺，很多时候，我们都会遭遇挫折和失败，很多人往往因为缺乏信心，陷入绝望的境地。这时候，如果你能给自己一些信心，势必会重新燃起对生活的希望。有了希望，你的生活就有了目标。往往这个目标会让你焕发出对生活的热情。

这天，农夫牵着驴要去赶集。在路过一个村子的时候，驴子一不小心掉进了村口的枯井里，驴子在枯井里不断地哀嚎，农夫想尽了所有的办法，也没有办法把驴子救上来，于是他叫来了村子里的年轻人过来帮忙。

大家想来想去，始终想不到把驴救上来的好办法，农夫急得直掉眼泪，可是也不得不放弃救驴的想法。看着陪伴着自己好多年的驴就这样死去，农夫于心不忍，他觉得自己既然没有办法救它，那么让它受这个折磨实在是太痛苦了。于是张罗村民，帮助他把驴子掩埋了。

当土不断被填到枯井里的时候，驴子了解到自己的处境，叫得异常凄惨。过了一段时间之后，井下渐渐地安静了。它不再哀嚎，而是想办法自己脱险。这时候，土不断地堆到了驴子的背上。驴子突然脑子里有了主意，它把背上的土不断地抖落下来，垫在了脚下。

过了好大一会儿，农夫好奇地向井下张望，大吃一惊，原本在井底的驴子现在已经站在了井当中了，随着填入枯井的土越来越多，驴子越升越高了。

看到这里，农夫急忙又叫来了更多的村民，大家一起不断地往枯井里填土，枯井很快就填满了，驴子得救了。

案例中的驴子在面临绝境时，并没有就此放弃自己，而是给自己一些信心，让自己对生命有了一些希望。事实上，也正是这些希望，让它最终把背上的泥土抖落到脚下。可见，不论什么时候，都要给自己多一点儿信心，多一些希望，这样你才能走出困境。那么，究竟如何才能做到这一点呢?

1.不要轻易放弃

任何事情，不到万不得已，都不要轻易选择放弃。只要你坚持下去，总

会有希望。如果你选择了放弃，那么无疑宣告了自己的失败。就算机会在最后一秒产生，你也会错过。因此，不管是遇到多么大的困难和痛苦，都要坚持到底，千万不要轻言放弃。

2.要勇敢一些去拼搏

很多时候，我们遭遇的困难和打击太大，就会因此而放弃拼搏和努力，因为你觉得再努力也无法改变结局。事实上，正是因为你的这种心态，让你不去放手最后一搏，结果事情就是因为你没有努力，没有拼搏而导致了最终的失败。如果你努力去拼搏，即使失败了，也不会留下后悔和遗憾。

3.多想想自己的梦想

有梦就有希望。当你在困境中的时候，如果你多想想自己的梦想，动力会不由自主地产生。如果没有了这个梦想，你就没有了希望。事实上，最恐惧的事情莫过于此。如你的生意惨遭了失败，这时候你要是想想自己想要通过创业干一番轰轰烈烈的大事的梦想，你的疼痛也就会显得渺小了。

4.对自己进行积极暗示

人的内心对自己都有个自我认定。当你被自己所肯定和认可的时候，你做事情会更加有信心；相反，如果你被自己否定，你便会陷入痛苦和悲伤之中无力自拔。因此，当遭遇悲伤和痛苦的时候，不妨对自己进行积极的心理暗示，告诉自己：你很棒，你很优秀，你一定可以把事情做好的！这样，尽管你的心里很受伤，但是却对生活充满了希望，对自己充满了信心。

乐观的态度能击退所有困难

在人生道路上，难免会遇到困难和失败。这时候，如果你一味地怨天尤人，无疑会让困难无限地扩大，因为你的消极情绪往往打消了你解决困难的热情，你觉得困难很大，往往困难就会变大。相反，如果你能把压力当做动力，把挑战当做机遇，你在困难面前就会无限强大，所有的困难都会迎刃而解。乐观的态度往往能击退困难。

某国因为外国军队入侵，发生了战争。为了躲避战乱，人们拖家带口纷纷到别的国家逃难。人群中，有一个母亲带着一个三岁大的孩子在拼命地奔跑着。渐渐的，她越来越疲惫，脚步越来越沉重。时值酷热的七月，天气非常热。为了生存，难民们在酷暑难耐的太阳底下艰难地跋涉着。

年轻女人拖着疲惫的身子，在难民中找到了一位神父。她一把拽住神父的胳膊，跪在他的面前，苦苦地哀求，希望他能把自己三岁大的孩子平安地带出去。因为她觉得自己无论如何也支撑不到边境了。

神父略懂医术，他为年轻女人检查了一下身体，得知她的体力并不是她料想的那样，只要有强烈的求生欲望，坚持下去是没有问题的。只是她现在已经失去了别的亲人，非常绝望而已。得知这些之后，神父断然拒绝了年轻女人的要求，他对年轻女人说："照顾你的孩子那是你的责任，你凭什么把你的责任丢给我呢？"

听了神父的话后，年轻的母亲非常生气，她斥责道："你真是没有人性，亏你还是神父呢！我看你这么绝情的人就配下地狱，愿上帝惩罚你这可恶的人。"说完，抱着孩子气愤地离开了。

很快，时间过去了半个多月。这群难民终于到达了边境城市，在国际红十字会的照顾之下，他们得到了妥善的安置。这时候，神父打听到了这对母子的住处，前去看望他们。见到神父之后，年轻女人非常愤怒，她把神父赶出了家。神父和蔼地笑着说："还好我当初没有心软答应你的要求，如果我当时答应了你，可能你就不会再坚持下来，那么今天你也就不会站在这里了。"

年轻女人听了神父的话后，恍然大悟，最终她原谅了神父。

案例中的年轻女人在遭遇了巨大的伤痛之后，感觉到生活有些绝望了，孩子是她唯一的牵挂，所以才会在放弃自己之前把孩子托付给神父。神父用拒绝来刺激年轻女人，让她不得不积极乐观地去跟生活斗争，最终她克服了所有的困难，带着孩子逃到了边境城市。可见，很多时候我们觉得自己无法克服眼前的困难，所以会消极应对；如果你积极一些，或许困难也没有你想象得那么艰难，无法解决。那么，在面对困难的时候，你究竟该如何面对呢？

1.一定要绝对的自信

做任何事情的时候，对自己没有绝对的自信，你是无论如何也做不成事情的。尤其在困难面前，如果你有绝对的自信，那么困难就不再是压力，而是动力，会激发你更强的欲望。如果你对自己没有信心，觉得悲观失望，困难就会变得越来越大，你也就觉得自己是不可能克服的。

2.有解决困难的愿望

在面对困难的时候，如果你有解决的愿望，再大的困难摆在你面前，你也会觉得是小菜一碟，你会积极地寻找方法和途径，这样问题就能很快地得到处理和解决。相反，如果你内心根本没有想要解决困难的想法，那么再小的困难在你的面前，你也一样觉得很难。你会不断地找借口来证明困难很大，自己没办法来解决。

3.勇敢地迈出第一步

很多问题，我们看上去很麻烦，但是，实际上等你迈出第一步的时候，困难和问题在你的面前也就会稀松平常，这样你才能脚踏实地地把困难解决掉。如果你不迈出第一步，你会觉得困难很大，问题很难，根本解决不掉。这就是为什么很多人在面对困难的时候，总要采取试一试的态度了。就如同小马过河一样，不试一试，怎么能知道水的深浅呢？

4.有坚定的毅力

既然是困难和麻烦，那么就不可能轻而易举地被你解决掉。在这个过程中遭遇失败和挫折是在所难免的。对这一点一定要有清醒的认识，要有坚定不移的决心和毅力和不把问题解决掉决不罢休的态度。只要你坚持下来，困难迟早会得到解决的。如果遭遇一些失败和压力就灰心失望，那么你是绝对解决不掉困难的。

情绪不是任何时候都可以轻易表露

通常情况下，我们内心的情绪往往会从脸上看出来。如高兴的时候，眼睛里有光，嘴角会上翘，眉毛也会上扬。相反，悲伤难过的时候，目光比较呆滞，嘴角会下拉，眉毛也会下沉。但是，并不是任何时候都可以暴露你的情绪的，因为有些时候，你的情绪会出卖你的心，会被别人操纵和驾驭。隐藏你的情绪，有点儿城府，以免受制于人，让自己受委屈，或者是带来利益的损失。

说起杨玉的婚事，可真是一波三折。起初找不到合适的人，找到合适的人了又因为对方条件达不到她的要求，最终泡了汤。所以，时至今日，三十有余的杨玉还是单身，这可愁坏了她的父母。

后来，经亲戚介绍，杨玉认识了现在的男朋友郑军。尽管和郑军在一起没有什么感觉，对方条件也是很一般，但是对于杨玉来说，已经没有选择的余地了。于是，按照当地的习俗，郑军的父母前来商议结婚事宜。

郑军的父亲开门见山说："你们有什么要求尽管提吧。"

杨玉的爸爸想了一下说："按照我们这边的习俗，礼金需要三万……"

在郑军的母亲看来，礼金至少得需要六万，没想到对方只提了三万，因此掩饰不住内心的狂喜，脸上露出了兴奋的表情。坐在不远处的杨玉的母亲在无意中看到了。于是她悄悄地找了个机会，将杨玉的爸爸叫了出来。

她说："老头子，我看到郑军的妈妈脸上瞬间堆满了笑容，两眼放光，是不是咱们的礼金要少了呀？"

杨玉爸爸想了想，点了点头说："如果真是这样的话，那估计是我们说少了。但现在话已经说出去了，再反悔就要被人家笑话了。"

杨玉妈妈："那怎么办啊？咱们不能这么吃大亏呀！"

杨玉爸爸："那只能在嫁妆上做文章了。咱们在礼金上吃了大亏，在嫁妆上意思一下就行了。"

说到这里，他走进了屋里。对郑军的父母说道："亲家公，你说我要的礼金高吗？"

郑军的父亲笑着说："不高，不高，一点儿也不高。"

杨玉爸爸说："既然不高，那就是低了。"

郑军的父亲笑容僵在脸上，很快，他笑着装糊涂说："亲家公真会开玩笑。"

杨玉爸爸一本正经地说："我没有开玩笑，我们要的礼金是少了。但是话已经说出口了，我也不反悔，不过你们给的礼金少，我们的嫁妆相应的也不多……"

郑军父亲脸上的笑容没有了，但也只好应了。

案例中郑军的母亲一个不经意的微笑，让对方看出了她的心理，最终改变了相应的策略，成功地驾驭了他们。由此可见，一定要学会沉稳，把自己的情绪隐藏起来，不论发生什么事情都要保持内心的平静。千万不要让对方看透你内心，否则你将会非常被动，那么，究竟如何做到不露声色呢？

1.说话时语速放慢一些

一般情况下，当你内心紧张和恐慌的时候，语速会比较快，因为你心跳得狂烈。所以，当一个人说话语速比较快的时候，则会让人感到他的内心恐慌和不安。相反，如果你说话的语速很慢，则告诉对方你很平静，这样，就会让对方的心里犯嘀咕。说话时，语速一定要尽可能平缓，暗示别人你很镇定。

2.不妨把语调放平一些

同样，一个说话语调很平稳的人，内心也很平和。相反，说话时声音高调的人，办事比较仓促和马虎，而语调比较低的人则很显然没有自信。因此，在与人接触的过程中，说话语调要平和，暗示你做事很认真，很仔细。从而很好地保护了你的内心世界不被对方所窥探。遇到事情千万不要动不动大喊大叫。否则，你就会被别人左右。

3.一定要记得面带微笑

说话的时候不要忘了要面带微笑。微笑会暗示你自己放松一些。同样也会告诉对方你很自信、很放松。当然这个微笑要自始至终保持下去，让别人从你的表情上看不到你的情绪，这对自己也是个很好的保护。

第六章

做人的姿态：隐忍处世，不露锋芒

生活中，很多人喜欢张扬，因为张扬能满足人的虚荣心。但是，如果你总是搞得沸沸扬扬，只顾展示自己的才华，而忽略了别人的感受，你的灾难也就会在不远处等着你。事实上，真正聪明的人绝对不会这么做。他们即便确实有才学，也不会到处炫耀，而是克制自己争强好胜的心理。自信对于一个人的成功来说非常重要，但是如果表现过头，就会引起别人的嫉妒和不安。如果一味地恃才逞能，不仅无法脱颖而出，而且还会挫锋断刃。可见，适当的时候要学会隐忍处世，学会保护自己。

在一些特定场合你要学会示弱

生活中，很多人觉得自己能力很强，总是在不断地向人炫耀和卖弄。尤其在一些特定场合，你表现得过于优秀，气场过于强势，往往会让别人黯然失色，颜面无存。殊不知，自己在春风得意之余却树立了很多敌人。可见，到处显露才华，与人争强好胜往往会成为别人攻击的靶心，给自己带来不必要的麻烦。因此，在一些特定的场合一定要学会示弱，让自己表达有度，照顾别人的面子。

科研所的小王名牌大学毕业，非常有才华，所里的领导也非常器重他，刚工作不久，就让他带领着同事主攻一个有一定难度的科研项目。小王凭借着扎实的基本功，在所里同事的大力配合下，短短的几个月的时间，就拿下了原计划要一年时间才能完成的科研项目。小王的卓越表现着实让领导们刮目相看。

在庆功宴上，领导安排小王讲话。小王站在台上，一个劲地说自己如何废寝忘食地加班，如何牺牲业余时间查资料，讲了整整半个小时，把领导和同事们完全抛到了九霄云外，一个人独揽了所有的功劳。

讲话还在继续，同事们在下面就开始窃窃私语，连所里的领导也在一边说："小王这样做真不合适，这让当领导的脸往哪里搁啊？他这么有才，那我们全是饭桶了？"

庆功宴结束之后，小王的朋友就劝他："你怎么可以那么说呢？同事和领导给了你多少帮助，你怎么连个感谢的话也没说呢？"

小王不以为是地说："他们帮了我什么忙，要不是我，怎么会有这个成果呢？我付出了汗水，自然收获果实。"

渐渐地，小王觉得同事们都在有意无意和他作对。他让小李打印东西，小李给他冷冷的一句："大功臣，你是干大事的，我哪里配给你当下手啊？"他让小刘去发个传真，说了好几遍了，小刘就是不去。无奈，小王去找领导诉苦，领导不冷不热地说："你是有功劳的人，连你都使唤不动，我就更管不了了。"

事实上，从那之后，小王再也没有研发成功项目。

案例中的小王在庆功宴上独揽功劳，不断炫耀自己的才华，结果把在场的同事和领导当做空气。尤其是他的上司，小王的优秀会让他们产生不安全感，害怕失去权力，更让他们觉得自己没有能力。为了巩固自己的地位，为了让自己显得不那么失色，他们暗地里给他设置障碍，不时增加压力，小王自然就没有好日子过了。可见，在有些场合下，一定要学会示弱，要照顾别人的面子和感受，这样你才能在自己的路上走得更远。那么，究竟在什么场合之下要学会示弱呢？

1.在有领导的场合下要及时示弱

很多人觉得自己有才华，有本事，所以总是表现得非常出色。却不知你在获得别人的赞许的时候，你的领导心里面会很不好受。尤其是你的领导与你的能力和才华不相上下的时候，你越表现得出色，越会让他们黯然失色。事实上，如果你足够聪明的话，就要及时的示弱，让领导高兴，让他觉得有资格做你的领导。否则，你的麻烦就来了。

2.在有长辈的场合要学会低调些

通常情况下，长辈的资历比较老，理所应当受到你的尊重。在有长辈的场合下，千万不要出风头，否则会让你的长辈颜面无存。因而，有长辈在的时候，你要低调一些，要给予他们足够的尊重。尽管他们现在或许在某些领域不如你，但是他们曾经表现很优秀也是值得你肯定的。

3.权威人士在场的时候要犯错误

在权威人士在场的时候，你要及时的犯个小错误，表现出你不如他们。否则，在这些领域，你表现比他们还优秀，则会激发他们内心的不满，为了维护自己的面子，并力争把你比下去，这就给你带来一定的麻烦。比如，某个人普通话说得非常好，得到了很多人的肯定，你如果和他争论某个字的发音，无疑是让他下不了台。

遮盖自己的光芒，不做冤大头

俗话说：枪打出头鸟，出头的椽子容易烂。生活中，人都有极强的虚荣心，总希望通过表现来吸引别人的注意力。你的炫耀满足了自己内心的虚荣感，可是却让别人的心里极不舒服，对你产生了嫉妒和憎恨。无形之中，和你形成了对抗之势，当争强好胜的人越来越多的时候，你的麻烦也会随之变多。这就是为什么人们宁愿做“天下第二”，也不做“天下第一”的缘故。

李华是一家软件公司的编程人员，他思维开放，口才好，而且非常聪明，不管是老板还是同事都非常欣赏他。一有重要的事情，老板总是让他去做，他也从来不谦让，他觉得自己能力出众，应该得到重用。

李华不但一个人独自垄断了老板下派的所有任务，还经常去抢下派给别人的工作，他总是说：“这个活太难了，还是我来做吧，你做我不放心。”一次两次，大家都觉得没什么，可是时间久了，他的做法引起了同事们的强烈不满。

渐渐地，同事们再也不愿意和他说话了。但是，李华觉得自己并没有做错，谁让他们没本事呢？

没过多久，部门主管辞职了，公司高层决定采用民主投票的方式，让员工选择自己的领导。李华觉得这个主管的职位非他莫属，因为在全公司的同事当中，他的学历最高，能力最强，甚至起着顶梁柱的作用。

但是，最后的投票却让李华大失所望，除了自己给自己投的一票外，其余的同事没有一个给他投票的。

新上任的主管把李华肩上的“重任”给完全卸了下来，总是让他去做一些鸡毛蒜皮的小事。

至此，李华总算明白了过来。一个人能力再强，不会处理人际关系，终究不行。但是，为时已晚，李华不得不委屈地离开了。

案例中的李华非常有才，但是他不懂得顾及别人的感受，一味恃才逞能，虽然内心得到了极大的满足，但是别人的内心却遭受了严重的羞辱，他过于强势，让同事们感觉到自卑。所以即使你才华横溢，也要适当收敛一些，不要到处张扬炫耀，要给别人一个展示才华的机会。如果你是才能出众的人，要学会有意无意地卖点“傻”，把自己的光芒遮盖起来。每个人都希望有个自己的舞台，不要轻易剥夺别人的这个权利。那么，要如何遮盖自己的光芒呢?

1.要适当地向弱者请教

通常，在与人相处当中，你可能是最优秀的那个，那么，要想进入集体的圈子，你就要适当地示弱，让别人觉得自己和你是同类人，否则你就会鹤立鸡群，被别人排挤。因此，不妨适当故意犯一些常见的错误，然后向不如你的同事和朋友请教，让他们也做一把老师。这样，你就可以巧妙地把自己隐藏起来了。

2.不要轻易去高谈阔论

常常很多人觉得自己很了不起，在人多的时候，总喜欢吹嘘自己，吸引别人的眼球。殊不知你这样做将会引起周围人严重的心理不平衡。因为是人都有爱比较的毛病，你的优秀和对方的拙劣比较起来，会形成巨大的反差，这时候别人认为自己表现差，而你则是在羞辱他，让他难堪，所以让你为难也是难免的事情。

3.把机会适当让给别人

很多时候，机遇是挑战，也是证明一个人的机会。你需要通过机遇来证明你自己，别人也需要通过机遇来证明自己。即使你再优秀，也要适当把机遇让给别人。如果像案例中的李华，总是垄断着机遇，不给别人表现的机会。即使他真的很优秀，别人一样会排挤他，打压他。要想遮盖自己的光芒，那么就要适当地把机会让出去。

4.得意的时候少提自己

很多时候，我们取得了成就，或者是得到了别人的肯定和认可，往往想让尽可能多的人知道，知道的人越多，自己越自豪。可是你在得意的时候，保不准身边的哪个人正在郁闷中。这样，你的得意和对方的失意形成了鲜明的对比。别人就会觉得你是故意在嘲笑和讽刺他，从而与你为敌，尽管你并没有这个意思。

谦虚的态度是做人的前提

法国启蒙思想家孟德斯鸠曾经说过："谦虚是不可缺少的品质。"事实上，谦虚也是见证一个人涵养和修为的尺度。大凡真正强大的人往往很谦虚，因为他不需要证明自己，而那些浅薄之人，往往咋咋乎乎，这就是半桶水总是晃荡得厉害，一桶水反而不会晃荡的道理。因此，如果你真的很出色、很优秀，那么不妨谦逊一些。

有个博士生毕业之后被分配到了研究所里，在那里，他的学历是最高的。

这天傍晚，他觉得非常无聊，于是就来到池塘边钓鱼，当时研究所的正副所长也在那里钓鱼。他们见所里的高材生也过来了，于是热情地跟博士打招呼。博士觉得他们只不过是个本科生，没有资格跟自己说话，所以点了点头便自个钓起鱼来。

过了一会儿，正所长站起来活动了一下身子骨，忽然从湖面上走了过去上厕所。看到这些，博士惊愕得半天没有说出话来。明明是满水塘的水，所长为什么能来去自如呢？难道是传说中的"水上漂"？

一会儿见所长又轻飘飘地从池塘中走了过来。博士想过去请教，可是转念一想，自己一个堂堂的博士，去向一个本科生请教，实在是太丢人了。

就在这个时候，博士也有些内急，也要上厕所。可是这个池塘两边都有很高的围墙，要绕过去的话，来回需要十几分钟呢。可是要向所长他们请教，又觉得实在是太掉价了。犹豫了好长一会儿，他有些憋不住了。他想，所长他们能够过去，自己也一定能够过去的。于是他迈着步子向池塘里跨去。

只听见“扑通”一声，博士掉进了水塘里。

所长见博士无缘无故地跳进了水塘，急忙搭手把他拉了上来。所长问：“小伙子，你为什么要往池塘里跳呢？”博士生望着所长，不解地问：“为什么你们可以安全地走过去，而我却掉了下去呢？”

所长听完，哈哈大笑了起来，他说：“实话给你说吧，这个水塘之前有两排木头柱子，由于这两天下大雨了，湖水上升起来把柱子给淹没了，我们都知道柱子的具体位置，所以能踩着过去。你刚来，自然不知道了。可是，你为什么不问我们呢，你要是问问我们，也不至于弄个落汤鸡似的。”

听完所长的话，博士惭愧地低下了头，他为自己的愚蠢想法感到脸红。

案例的博士总觉得自己的学历高，因而有些看不起只是本科生的所长，也正是因为他的不谦虚，最终却因为自己的无知而成为笑柄。所以，从这个角度上说，谦虚是做人的前提。那么，在生活中，我们如何才能让自己谦虚一些呢？

1.多向身边的人请教

如果你真的很优秀，很出色，那么要想让别人和你和睦相处，你就要主动向别人请教，用这种谦虚的方法向别人示弱。可能对方知道的根本没有你多，这并不重要，重要的是你的态度。因为你的请教无疑是把自己和别人的位置放到了平等的位置上。事实上，当别人把你当做和自己一样的时候，你也就不会鹤立鸡群，被别人孤立了。

2.及时放下你的身架

很多人一旦取得一些成就，往往会把自己定位为成功者。与别人相处的时候，总是高高在上，看不起身边的人，不是指责这个，就是挑那个的毛病。这样，你就很容易引起别人的反感。如果你能谦虚一些，放下自己的身架，多去帮助别人，你得到的就是尊重，而不是别人的嫉妒和嫉恨。

3.说话的时候低调些

我们发现，很多人在取得了一些成就之后，心态就发生了变化，往往说话的口气都不一样了。言语间会或多或少的出现一些对别人的轻视和嘲笑。这就是为什么很多人升了职，就跟周围的人拉远距离的缘故。要想拉近和别人的心理距离，你就要多注意说话的口气和语调，把自己定位为普通人，而不是一个权威。

装糊涂也是伪装自己的一个好办法

在生活中，我们往往发现这样一种现象，有一些事情，大家谁的心里都明白究竟是怎么回事，可是却没有人说破，事实上，不是大家都是傻子，而是因为这是揣着明白装糊涂，是在保护自己。如果你这时候自作聪明地说出来，那么如果说到别人的痛处，踩着别人的雷区，你就要成为被人攻击和打压的对象了。“枪打出头鸟”说的就是这个道理。因此，在人际相处的时候，不妨适当地用装糊涂来保护自己。

在汉宣帝时期，朝中有一位办事能力非常强的官员，名叫龚遂，深得汉宣帝的信赖和重用。只要是遇到棘手的事情，皇帝总要派他去分忧解难。

有一年，渤海一带遭遇了连年的灾害。老百姓忍受不了饥饿，纷纷聚众造反，当地的官员多次镇压，不但没有消除叛乱，反而使叛乱愈演愈烈。朝廷束手无策，汉宣帝只好再次派七十余岁的龚遂去任渤海太守，平定叛乱。

龚遂来到渤海后，不断地颁布相关的政策，减免地租和税收，积极鼓励老百姓耕田种桑。因此，很多叛乱的百姓放下了武器，安安稳稳地过日子去了。对于一些顽固分子，龚遂也并没有放弃，而是用自己的诚意多次进行劝解，让他们放弃叛乱。经过几年的努力，渤海一带社会安定，百姓安居乐业。龚遂因此名声大震。

渤海的叛乱得到了平定。汉宣帝的诏书很快就来了，要求他还朝复职。龚遂有一个属吏叫做王先生，是个非常有学问的人。他请求随从龚遂一起去长安。龚遂并没有拒绝王先生的请求。

到了长安之后，皇帝一时半会并没有召见龚遂。因此王先生也在龚府整日饮酒作乐，无所事事。这天，他听说皇帝要召见龚遂，于是他叮嘱看门人把龚遂叫到了自己的住处。他问："要是皇帝问你，你是如何治理渤海的，你该怎么回答啊？"

龚遂想了想说："我就说我任用贤良，使人各尽其能，严格执法，赏罚分明。"

听了龚遂的话，王先生连连摇头，说："不好，你这是在夸大自己的功劳啊，你这样说的话会让皇帝不高兴的。你应该说，这不是小臣的功劳，而是被天子的威武所感化。"

上朝的时候，龚遂按照王先生教的话回答了汉宣帝的提问，汉宣帝果然非常高兴，随即留在身边，委以重任。

案例中的王先生是个说话办事的高手，他教给龚遂的话，让龚遂通过装糊涂，把功劳归给了皇帝，而最终得以保全了自己。可见，在关键时候，要学会装糊涂，千万不要抢风头，更要学会让功劳给领导，事实上，这是在保全自己。那么，究竟如何才能做到装糊涂呢？

1.要及时向别人示弱

很多时候，人都有虚荣心，不承认自己不如别人。因而，当你取得成绩或者是受到表扬之后，一定要及时地向周围的人示弱。让别人觉得自己比你优秀，比你成功。用这种揣着明白装糊涂的方式来化解别人对你的敌意。这样，你将因此省却很多的麻烦。

2.与身边人分享荣耀

一般情况下，我们取得了成就，身边的人也会为我们高兴，想要沾点喜气。因此，在你得到了荣耀之后，一定要学会与他们分享，这样即使他们没有取得和你一样的成就，也不会因此和你为敌。比如，你取得了科研的成果，在庆功宴上要提及他们，感谢他们，发了奖金要请他们吃东西，或者送礼物给他们，让别人和你一起高兴。

3.不妨低调一些

通常，当一个人取得了一定的成就之后，往往会迅速地把自己的成就告诉身边的人。这样，可能引起一些人的不满，觉得你是在炫耀自己，这是人际交往的大忌。因此，要想揣着明白装糊涂，就要学会低调一些，取得了成就之后不要轻易提及，当别人提及的时候也要表现得冷淡一些。这样避免刺激别人的情绪，造成不必要的误会。

自己的“野心”自己知道就好

有些人，不管做什么事情，都大张旗鼓，生怕别人不知道。事情还没有做呢，早已经传得沸沸扬扬。实际上这是一种非常愚蠢的做法。别人知道了你在做某一件事情，如果你做好了，当然得到大家的赞扬，如果你做不好呢？只会被人羞辱和耻笑，别人的冷嘲热讽会像雪花般飘过来，弄不好甚至会成为别人茶余饭后的谈资。如果有人和你存在着利益竞争，自然会给你不断地设置障碍，这无疑会增加你做事的难度。

王明是一名大三的学生，在一个偶然的机会，他有幸结识了一家开发公司的副总，两人关系越走越近。大学毕业后，王明并没有四处找工作，而是经过副总的介绍，顺利地来到了这个开发公司上班。两人私下约好，不让任何人知道他们的关系，所以在公司里，他们之间很少接触。

进入公司后，王明凭借着自己的努力，在短短的两年时间内，使公司的销售额翻了两番。到了第三年年初的时候，部门的销售主管辞职了，这对王明来说着实是个升迁的好机会。他对这个职位已经渴望很久了，但是据他得知，另外两个销售高手也在虎视眈眈盯着这个空缺。

为了让对方知道自己的后台，从而知难而退，王明时不时地在一些公开的场合故意暴露自己和副总的关系，并动不动指责他们这没做好，那没做好。殊不知他们中的一个人是总经理的外甥，是总经理一手培养出来的，后台比他要硬得多。

后来，总经理得知这件事情之后，狠狠地批评了副总，副总心里非常憋屈，为了自保，他撒手不再管王明竞选的事情了，势单力薄的王明凭借着自己的努力，和对方展开了争夺，结果，尽管他表现很优秀，可是最终职位还是落到了别人的手里。这时候的他才后悔莫及，如果不是当初自作聪明，或许事情会是另外一个样子。

事实上，依靠王明本身的实力，再加上副总在后面斡旋，他原本很有可能当上销售主管，但是王明耍起了小聪明，结果聪明反被聪明误。如果当初他学会低调一些，或许对方根本没有把他放在眼里，副总也不会撒手不管。在关键的时候得到副总的援助，梦想成真可以说是水到渠成的事。可见，自己的"野心"，自己知道就行了，千万不要到处宣扬。那么，如何才能做到这一点呢？

1.不要随便向别人透露心机

很多人往往沉不住气，自己心里想什么一股脑儿地倒出来，似乎别人知道得越多，越显得自己很了不起。殊不知，当别人知道了你的想法之后，会眼睁睁地等着看你的笑话，如果你想的事情做不成，势必会成为大家嘴里的笑话。这样，无疑是给自己挖了个大陷阱，给自己背负了过多的精神压力。这一切都源于你的"大嘴巴"。

2.不妨学着有一点点城府

通常，我们都讲求天真做人，不希望人有太多的心机和城府。这时候，要想把自己的"野心"藏起来，不妨有一些城府。说每一句话，做每一件事都要认真思考，避免被别人揣摩到自己的心思。这不但需要你的冷静和镇定，更需要你要在表情和动作上伪装自己。当然，伪装一定要适当，千万不要过了头。

3.要三缄其口，不要乱说话

话说多了，难免会说漏嘴。最好的办法就是三缄其口，不要随便乱说话。这样在一定程度上能避免把你的秘密泄露出去，同时还能避免别人从说话的语言和神态中揣摩你的心思。事实上，在与人沟通当中，说话少者，甚至是不说话者往往占据着主动权。因此，要想伪装自己的心思，不妨管理好你的嘴巴，不要随便乱说话。

4.保持警惕不要随便相信人

俗话说：害人之心不可有，防人之心不可无。在与人相处的时候，要保持足够的警惕，不要随便相信人，尤其是你身边的人。当你存有戒备之心的时候，你就不会把你内心的秘密说出去。很多人轻信身边人，往往会向他们透露心声，觉得他们会为你保守秘密。殊不知，秘密只要说出来了就失去了保密性。更何况，往往正是你身边的人与你为难。

到处炫耀自己会被别人嘲笑

生活中，总有那么些人，在不停地炫耀他们多么有本事，多么了不起。他们想通过自己的炫耀，让别人羡慕他，吸引别人靠近他。殊不知在他们要小聪明的时候，却适得其反，把自己的虚弱和无能暴露得一览无余。如果你真有本事，真的很了不起，别人自然能看见，还需要你去证明吗？所以，到处炫耀自己成功的人是可笑的，甚至是可怜的、可悲的。被人嘲笑和讽刺也就见怪不怪了。

这几年，李英的生意越做越大，自然交际面也是越来越广，所以会时不时地约上一大帮朋友聚会聊天，沟通感情。事实上，和朋友们的聚会，也是事业发展的需要。

恰巧碰到了国庆放假，李英约了一大帮朋友们一起来家中聚餐。其中有一个朋友叫做王乐，最近发了一笔小财，情绪高涨，动不动就向别人提及这件事情，夸耀他这次赚了多少多少钱，自己多么有本事。按理说把自己的快乐跟朋友分享是理所当然的事情，可是这种场合人非常的杂，弄不好会引起不必要的麻烦。因此在聚会之前，李英事先交代过，让他低调一些，以免引起别人的反感。

聚会当天，大家在一起非常热闹，几杯酒下肚，王乐便云里雾里，把李英的叮嘱忘在了脑后面，再次在大家面前提及了自己的“杰作”，大肆炫耀自己如何决策。

刚好席间有个叫做郑浩的朋友，最近生意失败，赔了一大笔钱，心情非常郁闷。听了王乐的话，非常不自在，一会儿站起来散散步，一会儿去趟洗手间。李英见状，不断地向王乐使眼色，但是，此时的王乐沉浸在自我陶醉之中，哪里还想得起李英曾经的叮嘱。

郑浩非常尴尬，坐也不是，站也不是，最后只好找了个借口，提前走了。临出门时，他抱怨说：“会赚钱有什么了不起，也不至于在别人面前吹吧。”

说来也巧了，没过多久，王乐的一笔生意也赔了钱。事实上，他的客户正是和他一起参加聚会的郑浩。郑浩受了王乐的羞辱，心里非常不舒服，于是给王乐下了个套。这一次，王乐尝到了失败的滋味。

案例中的王乐因为一次的成功，在朋友们中间不停地炫耀，结果正值郑浩生意失败之际，说者无意，听者有心，他的炫耀让郑浩觉得他是针对自己的。后来给他设置了圈套，实行了报复。可见，到处炫耀自己的成功是多么愚蠢的行为，无缘无故地给自己找了个冤家，给自己带来了非常严重的麻烦。那么，当你取得一定程度上的成功之后，究竟该如何淡然处之呢?

1.让自己沉稳一些

通常，到处炫耀自己成功的人，往往性情很浮躁，做事情不成熟。因为一个成熟的人不会四处招摇，不会因此而给自己来带不必要的麻烦。所以，平日里多练习，让自己变得沉稳一些，成熟一些。这样，你就不会去做这种炫耀自己成就的傻事。当然，练习稳定性格除了读书之外，还需要修身养性。

2.看淡输赢让自己淡定一些

很多人对输赢很在乎，赢了便要四处炫耀，让更多的人知道，输了便垂头丧气，一蹶不振。事实上，输赢对于你来说真的那么重要吗？或许未必。输赢只不过是常态，这个阶段赢了，并不代表你能在下个阶段赢。与其喜怒无常，不如把输赢看淡一些，让自己淡定地面对成败。

3.戒骄戒躁让自己谦虚一些

往往一个骄傲自满的人才会在大庭广众之下炫耀自己，因为这样能最大限度地满足他们的虚荣心。但是，你在炫耀的同时，也把自己推到了风口浪尖上，因为你的炫耀让别人看到了你成功的一面，当有朝一日你失败的时候，他们便会看你笑话。更何况你在骄傲自满之后，便会消极怠工，这样在很大程度上会影响你做事的热情。紧接着，失败也就不足为奇了。

4.持续努力让自己亢奋一些

如果你看到自己取得了一些成就就感到满足，那么错过了这个节奏，你下一次再去努力的时候便会找不到感觉，而且你的自满也会大大地降低你的努力程度。要想让自己从自满的情绪中走出来，那么就要持续努力，让自己亢奋一些，一鼓作气，取得更大的成就。期间你也不会因为炫耀去浪费时间和精力。

识时务，学会急流勇退

生活中，有些人总是被欲望所俘获，觉得自己取得了一定的成就，就应该加把劲取得更大的成就。可是往往人的一生跌宕起伏，在你爬上人生的顶峰之后要见好就收，懂得急流勇退，这样才能全身而退，否则迎接你的便可能是人生的低谷，弄不好还会让你身败名裂，赔上身家性命。当你取得人生的辉煌之时，就应该能够预见到了将来的危机，这时候不妨做个有先见之明的人，在恰当的时候毫不犹豫地选择“急流勇退”。

战国时期，现在的江浙一带是两个小国家，他们分别是吴国和越国。双方实力不相上下，不断进行争斗。后来，吴国变得强大，吴王夫差打败了越王勾践。勾践被迫称臣，当时越国的名将范蠡跟随勾践做了两年的俘虏。后来勾践卧薪尝胆、装疯卖傻终于取得了夫差的信任，回到了越国。归国后，范蠡辅佐勾践大力发展生产，国力不断增强，最终一举消灭了吴国，成为了南方的霸主。

灭了吴国之后，勾践的威名大振，周天子赐了他臣子的礼服，把他封为东方诸侯的领袖。勾践在王宫里大摆酒席，在宴席上，范蠡感觉到越王勾践的心思。当天晚上范蠡便悄悄出城，带着西施驾着小船迅速逃走了。

勾践得到消息后，勃然大怒，立即派了大队人马去追赶，但是此时的范蠡早已经跑得无影无踪了。

第二天，范蠡的好友文种意外接到了一封来信，在信中，范蠡劝他赶紧逃命。可是文种却不以为然，并且笑话范蠡多虑了。

很快，范蠡的预言得到了应验。勾践还是对功臣下手了。这时候文种才意识到问题的严重性，可是为时已晚。这天，勾践来到了文种的住处，对他进行羞辱和嘲讽，临走的时候还赐给了他佩剑让他自刎。

范蠡移居齐国后，改名换姓，与儿子共同经商，很快成为了富甲一方的大富翁。范蠡深知荣耀太久了会成为祸害的根源。于是他将自己赚得的财产分给他人，离开了齐国。

故事中的范蠡在辅佐勾践报仇雪恨，成为了霸主之后，识时务的急流勇退，保住了自己的性命，而他的好朋友文种却没有看透这一点，最终惨遭毒手。要明白“鸟尽弓藏，兔死狗烹”的道理，在功成名就之后，要迅速地选择隐退，避免成为别人的眼中钉，肉中刺。那么，如何才能做到急流勇退呢?

1.要懂得知足常乐

人的一生，如同起伏不定的山峰，当你费劲辛苦爬到峰顶的时候，接下来迎接你的就是跌入谷底。所以，当你爬到最高点的时候，一定要知足常乐，见好就收。千万不要被无穷无尽的欲望所俘虏。案例中的范蠡和文种就是很好的例子。

2.千万不要贪恋自己的功劳

很多时候，人在付出了大量的艰辛取得成就之后，就舍不得放弃到手的荣华富贵。殊不知，就是因为你的功劳而给你带来了灾难。因此，你一定要明白，你之所以取得了一定的成就，那就证明了你自己，这已经足够了，千万不要再去贪恋你的功劳，否则你的祸害也就随之而降临了。

3.时刻分析自己的价值所在

鸟尽弓藏，兔死狗烹。之所以这样，是因为他们失去了存在的价值。同样，作为人也要时常考虑自己的价值。如果你对于别人的价值是大的，那么你是安全的，因为别人还需要你；当你觉得自己存在已经是多余的时候，就要迅速地做出决定，及时地消失，在古代的战场上是这样的，在现在的职场上也是这样的。

4.要察言观色把握隐退时机

很多时候，你之所以要急流勇退，那是因为你威胁到了别人的安全。那么，要想让自己安全，就要先让别人感到安心。所以，平日里一定要察言观色，一旦觉得自己威胁到了别人的安全，那么说明你自己已经不安全了。除非你解除对别人的威胁，否则，就要迅速地做出决定，抓紧时间隐退。

第七章

做人的智慧：大智若愚，不怕吃亏

现实生活中，我们的周围不乏这样一些人：他们显得精力旺盛、精明能干、锋芒毕露，处事则不留余地，有十分的才能与聪慧，就十二分地表露出来。他们自视甚高，看不起别人。这种人在人生旅途中往往容易遭受挫折，甚至酿成悲剧。“木秀于林，风必摧之；堆出于岸，流必湍之；行高于人，众必非之。”因此，真正聪明的人即使才高八斗也懂得收敛自己，而不过分地张扬和显示自己的才华，他们更懂得在低调中修炼自己的实力，让自己在获得良好人际关系的同时，收获更多人的尊重！

将对方优点无限放大，忽略那些不足

现代社会，人们与人交往，除了要达到某种实质性目的比如利益合作外，一般都是为了从交往对方心中得到一种价值认定。因此，通常情况下，人们都喜欢与那些赞赏自己、崇拜自己的人交往，而排斥那些贬低自己的人。因此，在与人交往的过程中，我们不要总是盯着别人的缺点与不足看，而应该将对方的优点无限放大，在给别人以肯定的同时，我们收获的，也是良好的人际关系。

的确，人活于世，就必须与人相处，就必须懂得做人的道理。而人与人之间的相处，要达到的目的就是互相信任。那么，人与人之间的感情与信任，从什么地方来？这种信任与感情不是天然的，是在交流中产生的，是在合作中增强的。最重要的是，这种感情与信任，是取决于每个人自己的“主动”与“自觉”的。换句话说，就是谁想与他人友好相处，关键不在他人，而在自己。一个人想要有一个好的人缘，不在于别人对自己怎样，而在于自己对别人怎样。如果你总是对他人表示出友好与热情，他人自然会与你友好相处了。

而事实上，每个人都有不同的性格与特点，优点与缺点。你能不能与周围的人和谐相处，就在于你怎样看周围的人了。如果你是一个不会看到别人优点以及长处的人，那么，你的眼睛里看到的人，都是短处与缺点，那样，你恐怕就不会愿意与之交往了。

人无完人，金无足赤。没有一个人没有缺点没有短处；寸有所长，尺有所短，没有一个人没有长处没有优点，关键就在于我们用什么眼睛去看他人了。如果我们的眼睛是能够看到别人的优点的，那么，你就能够信任他们，也就能够热情地对待他们，因此，你就能拥有良好的人际关系；但是，如果我们的眼睛看不到他人的优点，那么，你看到的也就必当都是缺点，你也就不会信任他们，自然也就不会热情地对待他们了，他们也就离你而去。

曼德拉因为领导反对种族隔离政策而入狱，白人统治者把他关在荒凉的大西洋小岛罗本岛上27年。当时尽管曼德拉已经高龄，但是白人统治者依然像对待一般的年轻犯人一样对他进行残酷的虐待。

但是，当1991年曼德拉出狱当选总统以后，在他的总统就职典礼上的一个举动震惊了整个世界。

总统就职仪式开始了，曼德拉起身致辞欢迎来宾。他先介绍了来自世界各国的政要，然后他说，虽然他很荣幸能接待这么多尊贵的客人，但他最高兴的是，当初他被关在罗本岛监狱时，看守他的3名前狱方人员也能到场。他邀请他们站起身，以便他能介绍给大家。

有人曾问曼德拉为什么选择了和平对话而不是武力实现种族和解，他说起小时候的一个故事。一天，老师在一块大白布上涂了一个小黑点，然后问同学们看见了什么。同学们异口同声说："一个小黑点。"老师却说："不！这是一块大白布！黑点只是白布上面微不足道的一小点。"曼德拉说这个故事对他一生都产生了重要影响，让他明白，生活中美好的事物始终像阳光一样无处不在，以后不管经历多大苦难，始终保持宽宏、忍让、乐观、豁达。

我们之所以总是烦恼缠身，总是充满痛苦，总是怨天尤人，总是有那么多的不满和不如意，多半是因为我们缺少曼德拉的宽容和感恩。

与人相处，第一位的就要看到他人的优点；只有看到了他人的优点，才有后面共事合作或者进一步成为朋友的可能。大量的事实已经证明，凡是看不到他人优点的人，就不是一个很好的合作共事者。因为，不能看到他人优点本身，也就是做人的弱点了。

要认识自己的优点往往很容易，但要在一些细微之处都看到他人的优点却不是一件很容易的事。忽略他人身上的缺点，剩下的就是优点。缺点人人都有，但不应该被放大。寻找他人身上哪怕是微不足道的优点，有利于人际关系的和睦，有利于同事之间的团结！

吃亏是你转运的开始

生活中，在一些人眼里，老实人成了“傻瓜”“无能者”的代名词，似乎吃亏是理所应当的。但我们似乎也注意到，那些愿意吃亏的人总是有更好的人际关系，无论是工作还是生活中，他们也得到更多人的信任，有更多的升迁机会。这是为什么呢？其实，这句话印证了人们常说的“吃亏是福”的道理，主动吃点亏，可能确实会带来利益上的损失，但却可能给你带来友谊、带来信任，而最主要的，我们获得了心灵上的充实感。

对于吃亏是福这句话，可能很多人会颇不以为然。吃亏？为什么要吃亏？谦让？为什么我要谦让你？成全？为什么要我牺牲来成全你？人们都在这个变化迅速的世界变得激进而匆忙，手里抓得到才安心。往后退一步，为了对方一个没有实际作用的笑脸和一个看不见的明天，吃亏隐忍在大家眼里永远不被看好。

而实际上，吃亏是一种大肚能容的气度，就是一种即使自己处于劣势，仍然能淡然处之的做人风范。

齐国有一对很要好的朋友，一个叫管仲，另外一个叫鲍叔牙。年轻的时候，管仲家里很穷，又要奉养母亲，鲍叔牙知道了，就找管仲一起投资做生意。做生意的时候，因为管仲没有钱，所以本钱几乎都是鲍叔牙拿出来投资的，可是，当赚了钱以后，管仲却拿的比鲍叔牙还多，鲍叔牙的仆人看了就说：“这个管仲真奇怪，本钱拿的比我们主人少，分钱的时候却拿的比我们主人还多！”鲍叔牙却对仆人说：“不可以这么说！管仲家里穷又要奉养母亲，多拿一点没有关系的。”有一次，管仲和鲍叔牙一起去打仗，每次进攻的时候，管仲都躲在最后面，大家就议论说：“管仲是一个贪生怕死的人！”鲍叔牙马上替管仲说话：“你们误会管仲了，他不是怕死，他得留着他的命去照顾老母亲呀！”管仲听到之后说：“生我的是父母，了解我的人可是鲍叔牙呀！”后来，齐国的国王死掉了，大王子诸当上了国王，每天吃喝玩乐不做事，鲍叔牙预感齐国一定会发生内乱，就带着小王子小白逃到莒国，管仲则带着小王子纠逃到鲁国。

不久之后，国王被人杀死，齐国真的发生了内乱，管仲想杀掉小白，让纠顺利当上国王，可惜管仲把箭射偏了，小白没死，后来，鲍叔牙和小白比管仲和纠还早回到齐国，小白就当上了齐国的国王。小白当上国王以后，决定封鲍叔牙为宰相，鲍叔牙却对小白说：“管仲各方面都比我强，应该请他来辅佐您呀！”小白一听：“管仲要杀我，他是我的仇人，你居然叫我请他来辅佐我！”鲍叔牙却说：“这不能怪他，他是为了帮他的主人纠才这么做的呀！”小白听了鲍叔牙的话，请管仲回来当宰相辅佐自己。

后来，大家在称赞朋友之间有很好的友谊时，就会说他们是“管鲍之交”。

鲍叔牙不计较管仲的自私，也能理解管仲的贪生怕死，还向齐桓公推荐管仲做自己的上司。而最终，鲍叔牙也赢得了管仲的友谊，正所谓“生我的是父母，了解我的人可是鲍叔牙呀！”可能现实生活中的人们很难做到这一点，但如果每个人都能做到不为小利小益争来夺去，我们便能化敌为友，壮大自己的力量，成全别人，也能给自己带来心灵的充实。

生活中，很多时候，人们常常为一些小事苦恼，其实，过于计较，得失心太重，反而会舍本逐末。吃亏其实也包含了豁达和宽容，而且还要加上理智和自我克制。面对吃亏的豁达，是一种以个人能力为基础的自信，但这种自信并非人人都有。

再往深层次说，当失误摆在面前，而且很快地找到教训后，就应该迅速将这件事沉淀下来，过多的计较会使自己陷入对过往的沮丧情绪里，这种情绪会磨灭我们的自信，甚至影响判断。因此，承受吃亏也是一种自信的表现。

当然，万事都有个度。我们反复在掂量：吃亏到底是什么？是敢于付出？是有自信？还是眼光长远？

我们拥有的并不多，重要的是有没有一个得失的准则，帮我们在复杂中找到那么一点简单，在踌躇中找到那么一点依据。如果把吃亏当做一个途径，那确实需要付出勇气，也需要策略。二者相加，就会获得自信，而不是患得患失的焦虑。

为此，生活中的人们，如果你也能收起那颗不愿吃亏的心，你也能收获成功、赢得友谊，对此，你需要做到：

1.淡化利益观念

通常情况下，人们不愿吃亏，就是因为把目光放在了所谓的亏上，比如，金钱、物质或者享乐上，如果我们紧紧盯住这些外在的东西，就无法释怀，自然也不愿让步，而带来的结果往往就是纠结的心态，紧张的人际关系等，而如果你能对名利看得淡然一些，或许收获的就是另外一种心情！

2.让步与吃亏也要讲原则

毫无原则的让步与吃亏就是人们常说的好好先生，是一种懦弱的表现。

每次都想想下一步棋怎么走

中国有个成语：“居安思危”。人们用居安思危这个成语来比喻要提高警惕，以防祸患。也就是说，人们如果时刻都有忧患意识，在完成事情过程中不敢有丝毫的懈怠，那么便能达到成功的目的，如果安于享受，抱着今朝有酒今朝醉的态度去生活，那么就有可能真的会招来失败。因此，聪明的处事者都会有危机意识，懂得未雨绸缪，始终都会为自己想好下一步的路该如何走。

春秋时期，有一次宋、齐、晋、卫等十二国联合出兵攻打郑国。郑国国君慌了，急忙向十二国中最大的晋国求和，得到了晋国的同意，其余十一国也就停止了进攻。郑国为了表示感谢，给晋国送去了大批礼物，其中有：著名乐师三人、配齐甲兵的成套兵车共一百辆、歌女十六人，还有许多钟磬之类的乐器。

晋国的国君晋悼公见了这么多的礼物，非常高兴，将八个歌女分赠给他的功臣魏绛，说："你这几年为我出谋划策，事情办得都很顺利，我们好比奏乐一样的和谐合拍，真是太好了。现在让咱俩一同来享受吧！"可是，魏绛谢绝了晋悼公的分赠，并且劝告晋悼公说："咱们国家的事情之所以办得顺利，首先应归功于您的才能，其次是靠同僚们齐心协力，我个人有什么功劳可言呢？但愿您在享受安乐的同时，能想到国家还有许多事情要办。《书经》上有句话说得好：'居安思危，思则有备，有备无患。'现谨以此话规劝主公！"

魏绛这番远见卓识而又语重心长的话，使晋悼公很受感动，晋悼公高兴地接受了魏绛的意见，从此对他更加敬重。

这个案例中，魏绛就是个有远见卓识的人。他对晋悼公说的这番话同样告诉人们，做人要有忧患的危机感。借用现代的流行语言来说，就是要有生存的危机意识。因为，你自认为自己的命好，但是运气并不一定就好，就是运气好，也不一定就能获得成功。

实际上，人活一世，无论做人还是做事，都不可能一蹴而就，我们一定要做到未雨绸缪，如果平时不注意积累，临时抱佛脚是不可能取得好的效果的。古往今来，那些成大事者，无论遇到什么事，都能镇定自若，即使是九死一生，也能悠闲自得，这就说明"闲中不放过，静中不落空"的功用。

我们都知道，未来是无法预测的，即使你现在春风得意，但你不能保证明天也会如此，就是因为这样，我们才要有一种危机意识，在心理及实际行为上都要有所准备，以应付突如其来的变化。如果没有准备，不要谈应变，光是心理受到的打击就会让你手足无措。有危机意识，或许不能把问题彻底消灭，但却可以把损失降低，为自己留得退路。

伊索寓言里有一则这样的故事：

有一天，有只狐狸在树林里散步，看到一只野猪正在树干上磨他的牙齿，狐狸很好奇，他就问野猪："你这是忙什么呢？现在猎人和猎狗都没来啊，为什么不下来休息下呢？"

野猪回答道："等到猎人和猎狗出现时再来磨牙齿，一切已经来不及了。"

显然，这只野猪就是具有危机意识。

那么，一个人应该如何把危机意识落实到具体的日常生活中呢？这可以分成两个方面来谈。

1.做好心理准备

生活中，我们常提到人的心理素质的好坏，其实，这里的心理素质就是指的心理承受能力。在遇事前，如果我们能做好心理准备，那么，就能做好冷静处理，不慌不乱。

2.要在生活中、工作上和人际关系方面有以下的认识和准备

生活中，我们总是在担心，如何才能解决经济上的问题？这件事失手了怎么办？万一自己的身体健康出了问题，又该如何办呢？

事实上，我们该想到的意外情况，远不止以上几种。其实，担心并没有用，我们要做的不但是要有危机意识，还要做到未雨绸缪，预先做好充分的准备。尤其关乎前程与一家人生活的事业，更应该有危机意识，随时把“万一”握在手心里。

不知你现在所处的状况如何，是忧患呢？还是安乐呢？忧患不足以让人畏惧，倒是安乐才是人生的大敌！

三人行必有我师，多向旁人请教

俗话说“金无足赤，人无完人”，无论是谁，都有优点和长处，也都有缺点与短处，只有虚心向别人学习，做到取人之长补己之短，我们才会有进步。古有“三人行必有我师焉”的名言，尽管不是所有人都能做老师，但每个人身上都有值得学习的地方，因此我们应该谦虚地“向他人学习”。

天才作家卡里·纪伯伦在《贪心的紫罗兰》一文中讲了一则故事：玫瑰花听到邻居紫罗兰的哀叹，便笑着摇了摇头说：“在百花群里，你最糊涂。你身在福中不知福。大自然赋予你其他花草都不具备的芳香、文雅和美貌。你要知

道虚怀若谷的人，永远不会感到贫困和饥荒，且心胸开阔无比高尚。”

的确，包容是谦逊、虚怀若谷的品德。一个人成熟的重要标志就是宽容。当一个人把包容当做美德发扬时，这个人也就具备了感人的魅力。

而现实生活中，总是有这样一些人，在他们的眼里，谁都不如自己，目中无人。也许他们是有很多过人之处，但任何人都不是全才，如果停止了学习的脚步，就会故步自封，止步不前，甚至被社会淘汰。而只有取人之长补己之短，才能做到不断完善自己，少走很多人生的弯路。

因此，无论现在你有多大的成就，都要虚怀若谷，只有做到这点，你才会有不断地收获。

洪堡是德国著名的探险家、自然科学家，是近代气候学、自然地理学、植物地理学和地球物理学的创始人之一，他对生物学和地质学也有很深的造诣，在科学界享有极高的声誉，被当时的人们尊为“现代科学之父”。

尽管如此，洪堡却是一个十分谦逊的人。他尊重别人，从不自满，直到晚年还刻苦学习。在柏林大学的一间教室里，每当著名的博克教授讲授希腊文学和考古学的时候，课堂里总是挤满了学生。在这些青年学生中间，人们常常会看到一位身材不高、穿着棕色长袍的老人。这位白发苍苍的老人也像别的学生一样，全神贯注地听课，认真地做着笔记。晚上，在里特教授讲授自然地理学的课堂里，也经常出现这位老者的身影。有一次，里特教授在讲一个重要地理问题时，引用了洪堡的话作为权威性的依据。这时，大家都把敬佩的目光投向这位老人。只见他站起身来，向大家微微鞠了一躬，又伏身课桌，继续写他的笔记。原来，这位老人就是洪堡。

洪堡曾说过：“伟大只不过是谦逊的别名。”他正是这样一位谦逊的伟人。越是有成就的人，越是深知谦虚学习的重要性，“梅须逊雪三分白，雪却输梅一段香。”一个人要想真有长进，不仅需要谦逊，而且还要有雅量，要放下架子，不耻相师。伟人尚且能做到如此，那么，平凡的我们是否也应该反省一下，找出自己的不足，然后通过学习加以弥补呢?

山姆·沃尔顿创立了沃尔玛超市，资产已经超过了250亿美元，山姆·沃尔顿以前就会不断地去考察竞争对手的店面，不断地想办法说他到底哪里做得比我好？回去之后就问自己，以及告诉自己的员工说："那我们要做得如何比竞争对手做得更好？我们到底有哪些服务不周的地方需要改善？"

一个人必须了解自己的优点和缺点，同时不断地改善自己的缺点，这样成功的概率会比较大。

那么，我们该如何做到虚怀若谷呢？

1.无论对错，认真听取别人的意见

生活中，我们难免会遇到一些相反的意见，对此，我们一定要认真倾听，切不可不耐烦，更不可打断别人的说话。可能你会认为，他的话毫无根据，或者认为他是故意刁难等。你若产生了这类念头，请你压抑下去，切记不能将其化作表情形之于外，以免刺激他们，使他们心灰意冷，甚至真的对你转变为敌对立场。

2.转换角度看世界

同一问题，我们所站的角度不同，就会看不到不同的面，自然就会得出不同的结论。因此，有时候，不要总认为只有自己的观点才对，要求大家都赞同你。你不妨也转换一下立场，这样，你自然就能做到求同存异了。

3.既有自己的"底线"，同时又"海纳百川，有容乃大"

我们要放低自己、学习他人，但这并不是要求我们完全放弃自己成为他人。也就是说，学习他人，应当尽量选择对我们成长的有利部分，修正补充你自己，求大同、存小异，以包容对方。

随着社会的不断发展，人人都在不断向前迈进。我们只有就要谦虚，学无止境，只有放下"架子"，丢掉"面子"，虚心地向他人请教，见先进就学，见好经验就学，才能不断提高，不断进步，实现自己的人生理想与追求。

明白事放在心里，糊涂事挂在嘴边

古人云："口出狂言祸必至"，"满招损，谦受益"，"有道德的人，绝不泛言；有信义者，必不多言；有才谋者，不必多言。多言取厌，虚言取薄，轻言取侮"。可见，"千言万语"并不是什么好事，一个聪明的人是绝不会把事事都挂在嘴上的。相反，他们会把明白事放在心里，糊涂事挂在嘴边，这是一种自我保护，是一种大智若愚。

然而，现实生活中，总是有些人，他们认为自己有点才能就与众不同，于是，只要有众人的地方，他们就会产生一种莫名的"鹤立鸡群"感，认为别人都不如他，优越感特强；他们总是不合时宜地张着"大嘴"卖弄自己的所谓本事和未来的梦想，甚至他们完全没有考虑到自己说话的后果，"枪打出头鸟"，太过嚣张会成为众矢之的。而隐藏自己、避其锋芒，才会保存自己。

商纣王荒淫无道、暴虐残忍，一次长夜之饮，昏醉不知昼夜，问左右之人，"尽不知也"，又问贤人箕子。箕子深知"一国皆不知，而我独知之，普其危矣"，于是亦装作昏醉，"辞以醉而不知"。

隋朝的时候，隋炀帝十分残暴，各地农民起义风起云涌，隋朝的许多官员纷纷倒戈，转向农民起义军，因此，隋炀帝的疑心很重，对朝中大臣，尤其是外藩重臣，更是易起疑心。唐国公李渊曾多次担任中央和地方官，所到之处，悉心结识当地的英雄豪杰，多方树立恩德，因而声望很高，许多人都来归附他。这样一来，大家都替他担心，怕他遭到隋炀帝的猜忌。正在这时，隋炀帝下诏让李渊到他的行宫去晋见。李渊因病未能前往，隋炀帝很不高兴，多少有点猜疑。当时，李渊的外甥女王氏是隋炀帝的妃子，隋炀帝向她问起李渊未来朝见的原因，王氏回答说是因为病了，隋炀帝又问道："会死吗？"

王氏把这消息传给了李渊，李渊更加谨慎起来，他知道迟早会被隋炀帝所不容，但过早起事又力量不足，只好隐忍等待。于是，他故意广纳贿赂，败坏自己的名声，整天沉湎于声色犬马之中。隋炀帝听到这些，果然放松了对他的警惕。这样，才有后来的太原起兵和大唐帝国的建立。

这两则故事中，箕子与李渊都是懂得保护自己的人。假如箕子不装醉，则很可能为自己带来杀身之祸，而若李渊怒火中烧、与隋炀帝理论或者轻易出兵的话，很可能会因为准备不足、时机不成熟而失败。

可见，嘴上占上风并不代表你有多么了不起，别人不会因为你的“伶牙俐齿”“心直口快”就佩服你、喜欢你，反而会认为你不识抬举、不懂礼貌而厌恶你，你的人际关系也就会因此而越来越差，甚至出现孤立无援的悲惨局面。

“大智若愚”，重在一个“若”字，“若”设计了巨大的假象与骗局，掩饰了真实的野心、权欲、才华、声望、感情。这种甘为愚钝、甘当弱者的低调做人术，实际上是精于算计。

因此，生活中的人们，凡事三思而行，说话也不例外，在开口说话之前也要思考，尤其是当对方问及你的想法时，在你毫无把握之前，你应该转移话题，隐藏自己的真实想法。懂得隐藏自己，实为大智若愚，关键在“若”字上，你转移话题的时候，应尽量表现得逼真一点，以免引起对方的怀疑！

微笑是战胜别人最温柔有力的武器

人生在世，谁都希望多些朋友，少些敌人，因为后者就像我们人生路上的绊脚石，与我们总是对立的，总是挡在我们的前方，有时甚至还给我们的人生道路带来诸多不便与坎坷。因此大多数人总是用敌意的目光来对待对手与敌人，但实际上，我们应该一改这一看法，应该感恩对手，并做到与之化敌为友，从而以微笑击退对方，以实现“不战而屈人之兵”。

的确，现今社会，无论什么领域，都存在激烈的竞争，所谓“狭路相逢勇者胜”，但正是由于对手，才使我们认识到自己的不足，才使我们认识到要发展自我，才使我们认识到社会在前行。对手就犹如一面铜镜，能照出你自己的特征，也能激励你去不断学习，不断进步。

第二次世界大战结束后不久，在一次酒会上，一个女政敌高举酒杯走向丘吉尔，并指了指丘吉尔的酒杯说："我恨你，如果我是您的夫人，我一定会在您的酒杯里投毒！"显然，这是一句满怀仇恨的挑衅，但丘吉尔笑了笑，十分友好地说："您放心，如果我是您的先生，我一定把它一饮而尽！"这样从容不迫地回答也就了给对方一个极其宽容的印象。宽容是一种大智慧，一种大聪明!

感恩我们的对手与敌人，是一种宽容的表现。你可以地位低下，也可以资质平庸，但你不能没有容纳之量。常怀一颗包容之心，你就会赢得人们的尊敬。胸襟博大，心宽志广，他就会上下和睦，才能争取到最多的支持者，以充沛的精力投入工作之中，使自己的事业大有成就。我们的伟大领袖毛泽东就以这向我们昭示了这个道理。

当时，在井冈山有两支队伍，分别由王佐和袁文才统领。两人手下各有百十来人，几十支枪。他们以井冈山为根据点，劫富济贫，行侠仗义，也颇受当地百姓的拥护。

由于王佐和袁文才对初来乍到的红军不了解，以为他们是来抢自己地盘的，就对红军采取敌视态度，处处与红军为敌，利用他们在当地老百姓中的影响，散布谣言。结果，连老百姓也开始反对红军。

就在这个节骨眼上，又发生了一件意想不到的事，使红军的处境更加不妙。

红军的一个连队外出执行任务时，与袁文才的队伍不期而遇，袁文才的几十支枪根本不是红军的对手，很快便被打垮，还有几名士兵被俘虏。

这下，把毛泽东急坏了，真是屋漏偏逢连夜雨。毛泽东一直在想办法将王、袁二人的队伍收拢过来，使二人也加入红军，这样，红军就能很容易在当地站稳脚跟。但是，这次意外使他们之间的关系更加僵化。最后，毛泽东做出了一个大胆决定：释放所有的俘虏，并赠送袁文才一百支快枪，自己亲自去和袁文才谈判。

袁文才听到这个消息非常吃惊，他没想到毛泽东会做出这样的决定。况且，那一百支枪在当时是十分珍贵的。于是，他决定接受毛泽东的谈判。

谈判那天，毛泽东只带了两名随从，目的是让袁文才解除疑虑。果然，当袁文才看到毛泽东只有一行三人，松了一口气，同时不由得开始佩服毛泽东。

毛泽东利用他雄辩的口才对袁文才讲述了中国的革命形势和未来的发展趋势，听得袁文才不住地点头称是。最终，他放弃了对红军的成见，加入了革命队伍。同时，他积极地配合红军劝说王佐也加入了红军。

从此，革命的种子才播撒在了井冈山，并最终成长为参天大树。

冤家宜解不宜结。在面临严峻的革命形势下，毛泽东敢想敢做，用自己宽广的胸襟赢得了散落的队伍领袖的信任和支持，将他们收入革命队伍，为自己壮大了革命力量。现实生活中的人们，你若想成就一番事业，就应该有一颗怀敌抚远的包容之心。你也应该向毛主席一样，用你博大的胸怀去感化每一个人，包括曾经反对过你的人，学会以德报怨。

最高境界的宽恕，是宽容那些曾经伤害过自己的人。这不是一件容易的事，但是如果我们这样做了，就会从中体验到我们的富有和强大。而当一个人能够宽恕别人时，也必定能够宽容他自己。因为当他对自己充满自信之后，无须去防御别人。他敢于正视自己的缺点，对一生中所遭受的不可避免的冲突和挫折具有必要的忍耐力。

真正有智慧的人从不显露自己的才能

真正聪明的人有才不外露，而是伺机而动，厚积薄发。尤其是当自己还羽翼未丰时，更要懂得韬光养晦，这是保存实力、积蓄力量的重要的手段，即使有大智慧、大志向也不必要昭告世人，暴露会让你成为别人进攻的“靶子”，隐晦才能帮你引开那些敌对的目光。

1998年，华为以80多亿元的年营业额，雄踞当时声名显赫的国产通信设备四巨头之首，势头正猛。而任正非不但没有从此加入到明星企业家的行列中，反而对各种采访、会议、评选唯恐避之不及，对于直接有利于华为形象宣传的活动甚至政府的活动也一概坚拒，并给华为高层下了死命令：除非重要客户或合作伙伴，其他活动一律免谈，谁来游说我就撤谁的职！整个华为由此上行下效，全体以近乎本能的封闭和防御姿态面对外界。

2002年的北京国际电信展上，华为总裁任正非正在公司展台前接待客户。一位上了年纪的男子走过来问他："华为总裁任正非有没有来？"任正非问："你找他有事吗？"那人回答："也没什么事，就是想见见这位能带领华为走到今天的传奇人物究竟是个什么样子。"任正非说："实在不凑巧，他今天没有过来，但我一定会把你的意思转达给他。"

近些年来，华为的壁垒有所松动，出于打开国外市场的需要，华为与境外媒体来往密切，和国内媒体的接触也灵活不少，华为的一些高层也开始谨慎露面。唯一没有任何解禁迹象的，是任正非本人。

华为是一家有实力的公司，任正非本人也可以说已成为通信行业的巨头，但就在这样的情况下，他依然谨遵低调的作风，正是因为这样，才使得他有更多的时间和精力打理公司，每年花大量时间游历全球，在各个发达市场与发展中市场上寻觅机会，在通信设备国际列强间合纵连横，寻觅可用的力量与资源，运用智慧带领着华为再创辉煌。

人生多舛，世事艰难。这就是说，人生少不了逆境，少不了坎坷，少不了挫折。顺境常常是过去艰苦耕耘收获的结果，逆境也正是日后峰回路转、否极泰来的前奏。因此，要想取得成功，就得突破人生的逆境，忍受人生的挫折，走过人生的坎坷。

北魏节闵帝元恭，是献文帝拓扑弘的侄子。孝明帝时，元义专权，肆行杀戮，元恭虽然担任常侍、给事黄门侍郎，总提心有一天大祸临头，索性装病不出来了，那时候，他一直住在龙华寺，和谁也不来往，就这样装哑巴装了将近十二年。孝庄帝永安末年，有人告发他不能说话是假，心怀叵测是真，而且老百姓中间流传着他住的那个地方有天子之气，元恭听了这个消息，急忙逃到上洛躲起来。没过几天就被抓住送到了京师。关了好几天，由于找不到什么证据，不得已又放了他。

北魏永安三年十月，尔朱兆立长广王元晔为帝，杀了孝庄帝。那时，坐镇洛阳的是尔朱世隆。他觉得元晔世系疏远，声望又不怎么高，便打算另立元恭为帝，但又担心他真的成了哑巴。于是便派尔朱彦伯前去见元恭，摸清真实情况。事已至此，元恭也知道形势发生重大变化，见到尔朱彦伯后开口说："天何言哉！"十二年的哑巴说了话，彦伯大喜。不久，元恭即位当了皇帝。

人生的路有起有落，逆境虽然痛苦压抑，但对一个有作为、有修养的人士来讲，在各种磨砺中可以锻炼自己的意志，从而由逆向顺。

元恭这一境遇，自古以来，很多成功人士都遇到过，他们一般都懂得隐忍，在时机不成熟、力量不足的情况下，故意制造出一种假象，暗中积极准备、以奇制胜，以有备胜无备，这样做的目的是为了要减少外界的压力，或使对方降低对自己的要求，一般情况下，他们都能出其不意，而实际的表现却又超出外界对自己的期待，这样的智慧表现就能格外出其不意、克敌制胜。

总之，任何人，即使才高八斗，如果不懂得收敛自己，过分地张扬和显示自己的才华，都难免会遭到明枪暗箭的打击。只有不与人争强好胜，静观其变，在暗中积极准备，这比积极地表现自己更能保护自己，也能避免更多不可预知的风险！

第八章

做人的精神：刚而不折，柔而不弱

我们都知道，任何事情都有不同的两方面。其实，做人何尝不是如此？俗话说得好："太柔则靡，太刚则折。"因此，凡是有大智慧的人一定会秉持"刚而不折、柔而不弱"这一做人精神，根据客观情况审时度势，在刚柔之间做好取舍，凡事都不求极端，留下余地，这样，就能让自己在任何情况之下都可以游刃有余！

给别人留条后路就是给自己留有余地

人生在世，无论是谁，都避免不了这两条：一为说话；二为做事。无论是说话还是做事，都要有“度”的把握，也就是人们常说的分寸问题，说话做事懂得把握分寸，懂得给别人留条退路，也就是给自己留有余地，这是成功的可靠基础。

中国人有句极具哲理的话：“话不说满，事不做绝。”也是要求我们在说话、做事方面把握好分寸，留有余地，而往大的方面说，是一种适度原则与中庸智慧。

明代，在姑苏城里，有个姓尤的老翁，开了间典当铺，生意很好，老翁是个心地善良的人，谨守“低调做人”“和气生财”的信条做生意，被周围的人所称道。

有一年年底，尤老翁店铺里面盘账，因为马上要过年了，他要为伙计们支付当月的工资，突然，他听见外面柜台处有争吵声，颤颤巍巍走出来。原来铺子里的伙计和附近一个姓王的穷老头吵架了，尤老翁二话没说，先将伙计训斥一顿，然后再好言向王老头赔不是。可是这位姓王的老头似乎是铁石心肠，脸色不见缓和，反倒赖在店铺外面不走了。

伙计被老板无端骂了一顿，心中不悦，于是诉苦道：“老爷，这个老头蛮不讲理。他前些日子当了衣服，现在，他说过年要穿，一定要取回去，可是他又不还当衣服的钱。我刚一解释，他就破口大骂，这事不能怪我呀。”尤老翁点点头，打发这个伙计去照料别的生意。自己过去请王老头到桌边坐下，语气恳切地对他说：“老人家，我知道你的来意。过年了，总想有身体面点儿的衣服穿，这不是什么难事，您就别和晚辈们一般见识了，消消气吧。”尤老翁说完，也不等王老头开口，让伙计去库房拿了几件新衣服来，然后，尤老翁指着这几件衣服说：“这些衣服有您穿的，孩子穿的，虽然不是什么绫罗绸缎，也是不错的料子做的。”而这个王老头似乎一点儿也不领情，拿起衣服，连个招呼都不打，就急匆匆地走了。

尤老翁并不在意，并让人将这老头送出门。没想到，就在当天夜里，王老头竟然死在另一位开店的街坊家中。这位街坊打了几年官司，花了一大笔钱才将此事摆平。

事后，尤老翁才知道那个王老头负债累累，家产典当一空后走投无路，就预先服了毒，来到尤老翁的当铺吵闹寻事，想以死来敲诈钱财。没想到尤老翁心地善良，明显吃亏也不与他计较，只好赶快撤走，在毒性发作之前又选择了另外一家。后来，人人都夸尤老翁有料世事的本事，可尤老翁说：“我并没有想到王老头会走到这条绝路上去。我只是觉得，凡事多退一步，给人留一步，也是给自己留条退路。”

尤老翁的故事告诉我们，这个世界上，天大的事，忍一忍也就过去了，不必把事情做绝，把话说满。这里，尤老翁就是个智慧的人，试想，如果他和常人一样，当场将这个闹事的王老头驱赶出去的话，那么，恐怕事情就一发不可收拾，他也就因此惹祸上身了。尤老翁的这种心态可谓是能屈能伸、方圆做人的至高境界了。

俗话说得好“物极必反”“满招损，谦受益”。水缸装满了水，再往里面添水，就会往外溢，这就是物极必反，事物发展到了极端，必然朝着相反的方向发展。我们为人也不可太狂妄，更不能欺人太甚，以强凌弱，给别人留后路也就是给自己留退路，有时受欺者貌似软弱，实际上是胸怀宽广，不与计较。当你受欺之后，不必愤恨不已，或冲动地做出让自己后悔的憾事。

所以，生活中的人们，做事时一定要为他人留有余地，这也是给自己留条退路。例如，当你取得的位置非常显赫或者事业取得非常大的成功，你就不能再争强好斗了，而应该与别人分享，与别人合作，同舟共济，采取低调学习的态度，才不至于骄傲自满。再比如，在与人竞争的过程中，在奠定了自己必胜的战局时候，要给别人留一条退路，同时也给自己留一条退路。做得太绝，不留后路，才会急火攻心，一败涂地。说话、做事讲求弹性，把事做得更加灵活、进退得宜，无论在社交还是求取成功的过程中，你都会如虎添翼！

极端主义是生活中最不可取的

日常生活中，我们经常听到“中庸”一词，这里所谓的“中”是指我们认识事物看待问题要不偏不倚，所谓“庸”是指我们要能够包容，要能够海涵，要能够容忍别人。所谓“中庸”，其精华就在“中”，意思就是要我们在做人时要适度、均衡，做到全面、公平、公正，同时与人交往时要能够包容别人的缺点，容忍别人的不足，要有包容别人的心。

中庸是古人做人的最高行为准则，中庸也就是哲学上讲的那个“度”。通俗点讲，中庸的做人艺术，首先就要求人们做到摒弃极端主义。这个世界并不是非黑即白，非对即错的，我们首先要从认识上认识到这一点。

我们不妨先来看看下面的小故事：

孔子到东方游历，途中看见两个小孩在争论。就问他们在辩论什么。

一个小孩说：“我认为太阳刚出来时距离人近，而正午时距离人远。”另一个小孩却认为太阳刚出来时离人远，而正午时离人近。

前一个小孩说：“太阳刚出来时大得像车上的篷盖，等到正午时就像盘子碗口那样小，这不正是远的显得小而近的显得大吗？”

另一个小孩说：“太阳刚出来时清清凉凉，等到正午时就热得像把手伸进热水里一样，这不正是近的就觉得热，远的就觉得凉吗？”

孔子听了，不能判断谁是谁非。两个小孩嘲笑说：“谁说你多智慧呢？”

博学而多彩孔子在面对两小孩辩论的问题上都不能得出结论。而两小孩在此问题上也是仅凭自己的一些主观感受而得出结论，显而易见，此结论也并非正确。

另外，从我们自身角度来看，任何事情都有一个变化发展的过程，此刻你不如意并不代表你一生不幸，此时你满面春风并不代表你一生顺利，虽然我们不能掌握变化无常的事态，但我们可以掌控自己的心态。“不以物喜不以己悲”这种通达圆润的心态，正是现代人要追求的。

麦当娜是流行乐坛几十年的大姐，可谓久经沙场，但却在她47岁生日那天乐极生悲。

麦当娜的骑术根本不赖。因为自从结婚后，他开始迷上了乡村生活中的骑术，并一直都在学习。麦当娜的骑马教练理查德·特纳认为：麦当娜是个非常棒的骑手，身手非常灵活和矫健，因此，在得知麦当娜发生这样的事故后，很是惊讶。

在她47岁生日那天，她的老公盖伊·瑞奇送给她一匹马以作为生日礼物，她高兴极了。于是她立即跃身上马，准备在老公和孩子们面前一展她的骑士风采。而实际上，麦当娜当天所骑的那匹马的性情一点也不熟悉，骑术本来还可以的麦当娜根本无法驾驭这烈性的马，最终从马上摔了下来，造成锁骨和三根肋骨骨折，以及一只手受伤的严重后果，不得不送进医院进行治疗。

麦当娜从马上摔下受伤，就是她乐极生悲的结果，古人言：“乐不可及，乐极生悲；欲不可纵，纵欲成灾。”这是妇孺皆知的道理，麦当娜也明白这个道理，但她却在生日当天头脑发热，化喜为悲。

与人相处，同样需要我们恪守中庸之道。现代社会，面对烦琐、复杂的人际关系时，在个人利益与其他利益相互冲突时，似乎人们不再那么心平气和了，更为严重的，有些人的心胸变得狭窄，他们为了一些小事大打出手。当然，这样的人毕竟少数，但如果我们换位思考，内心宽广一点，定会化干戈为玉帛。在放过别人的同时，也放过了自己。

只要我们做人遵守中庸之道，摒弃极端主义，我们做人就不会偏激我们的人际关系就会和谐，我们的朋友就会越来越多。毕竟，这个世界上，存在各种特点和性格的人，如果不能做到海纳百川，就不能忍受其他人和事物的刺激，也就不能以全面的眼光看到它们，我们的视野和人际关系也就越来越狭窄。当然做人要中庸，并不是要我们做人和稀泥、当和事老，世故圆滑自甘平庸，那是对中庸的歪曲和误解。

情绪无须刻意压抑，真情流露才真诚

从心理学上来讲，虽然任何人都喜欢听好话，但没人有愿意听假话。事实证明，现实生活中，人们更愿意与那些做人做事光明磊落、真性情的人交往。而对于那些苛求完美、从不显露自己的脾气、秉性的人，人们则敬而远之。因为人们都知道，“金无足赤，人无完人”，那些“趋于完美”“毫无瑕疵”的人虽然在为人处事上并未多少过错，但未免显得不够真诚；他们虽然优秀，但不可爱。

为此，现实生活中，与人打交道，我们一定要做到真情流露，说真话、做真事，有情绪也不要刻意压抑。我们不妨先来看看下面的职场故事：

萧红是一名广告公司职员，她所在的这家广告公司在业界享有盛誉。其实，当初萧红和众多职场新人一起挤破了脑袋进了这家公司，并不是因为薪水高，而是因为她觉得自己需要磨炼，需要一个地方增长自己的才干。这家实力雄厚的公司成了她的首选。

但实际上，和任何员工一样，萧红对高薪水也是充满向往的。她知道，公司每个人的薪水都是不同的，而她是一名刚走出校门的学生，又没有工作经验，在这里的薪水自然是最低的。但萧红相信，总有一天她会一点点将自己的薪水提高，于是，她一直埋头工作着，并未显示出自己的对薪水的不满。

有一天，当她正在食堂和同事们一起吃饭的时候，一个五十岁左右的老人端着饭坐在了萧红的旁边，萧红也觉得奇怪，她并没有见过这个老人。

老人主动找萧红说话："小姑娘，在这上班没多久吧，习惯吗？"

一看老人这么和蔼，萧红也不好拒绝，就聊了起来："挺好的，同事之间，也都相处的很好。只是……"

"只是什么？"老人好奇地问。

"工资太低了，都不够我一个月生活费！"萧红见是个陌生人，领导又不在，也就脱口而出了。

"是吗？"

"是啊，不过其实也没什么，大家的标准都是一样的，我目前还没有资历拿高工资，因为在这里，都是为工作而来的，我们不能一味为工资而工作，而是为了要提升自己的能力。"萧红一口气说完了这些。

老人听完笑了笑。等老人走后，有个主管跑过来对她说，那个老人是集团的董事长，萧红觉得自己惹麻烦了，急得像热锅上的蚂蚁，但是急也没用了，只能等待"死讯"的来临。

但奇怪的是，萧红并没有收到解雇的通知，反而。第二天，经理召开了会议，公司大大小小员工都参加了，会上，萧红又看见了那个老人，老人说："直到昨天，我才知道，原来这些年来公司的员工的薪资水准还停留在五年前，这明显是不合理的嘛，怎么一直没人跟我说？幸亏昨天有个年轻人跟我说了这些。"萧红当时很害怕，以为董事长要在会上当面批评自己，原来是夸奖自己，后来，董事长宣布大家都提升一个工资水准，就这样，萧红成了公司的功臣。

案例中的新员工萧红可以说是歪打正着，本来在公司谈薪水是很忌讳的事，但她一番无心的话却让自己涨了工资，还成为同事眼中的"功臣"。但我们发现，虽然讲的是一些脱口而出的话，并未进行深入思考，但是却深得人心，领导听了也能欣慰地接受。

当然，说率真的话、表露自己的情绪并不是不可以，但是哪些话该说，哪些话不能说还是要把握一些分寸的，就比如和萧红一样，工资低可以说，但不要抱怨公司和领导，并表明自己要努力工作的态度，这样，领导听起来才不会产生一些负面情绪。

我们都知道，任何人都有情绪，可能为工作烦心、可能为生活犯愁，但我们与人打交道的时候，固然不可一味抱怨，发泄自己的不满，但如果你能适当表露自己的情绪，则会让对方有种交心的感觉，对方自然愿意与你深交，这样，我们无形中便获得了一个朋友；而如果你带着“面具”与人交往，那么，对方回馈给你的，也是一张“面具”。

如果你是个为人和善但却人际关系不佳的人，那么，你是否从自身找过原因？为什么大家总把不满的眼光投给你呢？因为你太“完美”了，完美得有点不真诚！

从哪跌倒从哪爬起来，人不可自弃

自古至今，大凡成功者，无不具备一项品质，那就是拥有不被打倒的意志力。因为他们认为，跌倒了再站起来，终有一天，会摘得胜利的果实。的确，每件存在的事物在开始时只不过是一个想法。“不可能”背后隐藏的巨大成功，只青睐那些充满激情、意志坚定的人。失误、失败并不可怕，关键在于如何从失败中奋起，反败为胜。只要你坚持下去，不可能也会变为可能。

因此，生活中的人们，可能你崇尚成功，那么，在努力之前请做好屡败屡战的决心吧。因为你必须认清一个事实，无论你做了多少准备，有一点是不容置疑的：当你进行新的尝试时你可能犯错误，只要不断对自己提出更高的要求，都难免失败。但失败并非罪过，重要的是从中吸取教训。相反，“哀莫大于心死”。一个人最可怕的莫过于轻言放弃。

古希腊神话中有一个西齐弗的故事很能说明这个问题。西齐弗因触犯了天庭之法，被惩罚到人间受苦。他每天必须推一块石头上山。当他将石头推上山顶回家休息时，石头又自动地滚下来，于是西齐弗第二天又得去推。这是天神想让他在“永无止境的失败”中遭受惩罚，以此来折磨他的心灵。

可是，西齐弗偏偏不吃这一套。他不认为这就是受苦受难的命运安排。他一心想，推石头上山是我的责任，至于石头滚下来，不是我的失败。因此，心中始终平静异常，从不丧失信心，从而始终不放弃自己的职责，每天都满怀希望。天神见折磨西齐弗心灵的企图无法奏效，只好放他回了天庭。

用这个故事对照现实生活，我们可以得到有益的启示：“人必自助而后天助。”若连自己都不愿帮助自己，还会有谁帮助你呢？只要始终自我激励，相信自己是能行的，永不放弃追求，那么我们就是命运的主人。因此，当我们受挫时，一定要告诉自己：“摔倒了还要漂亮地爬起来。”另一个饱尝失败滋味的零售商是詹姆士卡什彭尼。

彭尼在密苏里州长大。高中毕业后在一家布匹服装店当了11个月的小伙计，共得薪水25美元。彭尼的身体不好，医生劝他到户外活动活动。于是彭尼辞职前往科罗拉多州，干起了零售商的行当，他把历年所得全投进了一家小肉铺。

肉铺的最大主顾是当地一家旅馆。这旅馆的厨头兼采买是个嗜酒如命的人。有一天他跟年轻的彭尼说，以后只要彭尼每星期白送他一瓶威士忌，他就把整个旅馆的生意包给彭尼做。彭尼不干，认为这是贿赂。于是他们之间的生意从此断绝，彭尼的小店也开不下去了。

不得已，彭尼只好再去当地一家布匹服装店当店员。他以行动和言辞说服了这家商店的两名店主，让他当第三名合伙人，即由他出一笔钱，加上原店的部分资金存货，由他单独去经营一家新店。这个主意就是联营的最初思路。过了几年，彭尼开始了他自家的联营商店生意。他允许雇员享有自己从前曾经享有的机会。

当彭尼的联营商店发展到34家时，彭尼公司诞生了。如今这家公司已拥有2400家分店。此外，它还涉足银行、信贷和电子业。当你似乎已经走到山穷水尽的绝境的时候，离成功也许仅一步之遥了。

詹姆士卡什彭尼是经历了数次的失败后而最终走向成功的。的确，成功让人瞩目，但成功的过程却让我们叹为观止，是什么能让他们屡败屡战？是意志力！一个人一旦具备了这种不畏惧任何困难、不放弃的意志力，也就离成功不远了。

为此，现实生活中的人们，你必须要谨记：

1.决不要等待

挫折面前，耐心等待并不是一种美德。因为如果你不采取行动，只是静候佳音，那将是你所能做的所有事值中最糟糕的选择。如果你想解决问题，你必须负起责任，不要期待别人拔刀相助。相信你自己解决问题的能力。如果期待别人的帮助，你只会得到失望，更糟糕的是你可能变得愤世嫉俗而一无所成。

2.摒弃消极思想

你千万不要消极地认为，你受到了打击，就不可能重新站起来。但首先，你要做个积极的人，就要摒弃一些消极语言的暗示，比如，“我早说过了”“不可能”“事情结束了”等。而应该鼓励自己：“小心”“慢慢来”“还不错”。你应学会分辨消极和积极的言辞，避免接触和使用消极的言辞，因为答案总存在于积极正面的一方。

生命中的每个失败，每个打击，都有其意义。困苦能孕育灵魂和精神的力量。所谓杰出的人，就是不断挑战失败，不断攀登命运巅峰的人。当你正视失败，并把失败看做成功的基石时，成功就会降临在你身上！

学会坚持，人生没有迈不过的坎

任何人都渴望成功，享受成功带来的喜悦，但成功不是将来才有的，而是从决定去做的那一刻起，持续累积而成的。胜利者，往往是能比别人多坚持一分钟的人。要问成功有什么秘诀，丘吉尔在西点军校讲演时回答得很好：“我的成功秘诀有三个：第一是，决不放弃；第二是，决不，决不放弃；第三是，决不，决不，决不放弃。”卡耐基在被问及成功秘诀的时候也说道：“假使成功只有一个秘诀的话，那应该是坚持。”在为梦想而努力的人们，这两句话应该成为你们的座右铭，当你准备放弃时，再咬牙坚持一秒，坚持之后就会雨过天晴。

中国古代，曾经发生过这样一个故事：

寒冬腊月的一天，一名守将带领着自己的士兵继续守护着自己的城池，但不幸的是，这座城市很快被围，情况危急。守将决定派一名自己信得过士兵去河对岸的另一座城市求援。这名士兵马不停蹄地赶到河边的渡口，但却看不到一只船。平时，渡口总会有几只木船摆渡，但是由于兵荒马乱，船夫全都逃难去了。士兵心急如焚。他的头发都快愁白了，因为能否过河，不仅关系到自己的生命，还关系到整座城市的百姓的生死。

时间一点点地过去，很快太阳落山了，夜幕降临了。黑暗和寒冷，更是让这名小士兵感受到了恐惧与绝望。更糟的是，起了北风，到了半夜，又飘起了鹅毛大雪。士兵瑟缩成一团，紧紧抱着战马，借战马的体温取暖。他甚至连抱怨自己命苦的力气都没有了，只有一个声音在他心里重复着：活下来！他暗暗祈求：上天啊，求你再让我活一分钟，求你让我再活一分钟！当他气息奄奄的时候，东方渐渐露出了鱼肚白。

士兵牵着马儿走到河边，惊奇地发现，那条阻挡他前进的大河上面，已经结了一层冰。他试试看在河面上走了几步，发现冰冻得非常结实，他完全可以从上面走过去。士兵欣喜若狂，就牵着马从上面轻松地走过了河面。整座城市的百姓就这样得救了，得救于士兵的忍耐和等待。

这名士兵具备超强的忍耐力，正是这种忍耐力，让他以超强的意志力战胜了寒冷和绝望，拯救了自己，也拯救了百姓。的确，作为一名军人，只有扛起责任，把国家、人民的安危放在心上，才能忍得旁人所难以忍受的东西，经受住各种考验，才能使自己不断地积蓄力量，增强忍耐力和判断力，才能发挥一个军人的本色。

曾经有位哲人说过，生活与生命的意义，并不在于你要经受多少折磨，也不在于你已经经受过多少折磨，而在于坚持不懈。经受挫折和磨炼是射击，瞄准成功的机会也是射击，但是只有经历了99颗子弹的铺垫，才会有一枪击中靶心的结果。这就是个等待的结果。

只要坚持到底，就一定会成功，人生唯一的失败，就是当你选择放弃的时候。因此，当你处于困境的时候，你应该继续坚持下去，只要你所做的是对的，总有一天成功的大门将为你而开。

在美国华盛顿的一座山上，有块岩石，上面有个标牌，它旨在于告诉后来的登山者，那里曾经是一位女登山者死去的地方。而事实上，她当时正在寻觅的庇护所——“登山小屋”只距她100米而已，如果她能多撑100米，她就能活下去。

这个女登山者的事例告诉我们，那些成功的人，往往都是能再多坚持一分钟的人。因此，在下次倒下之前，你一定要再撑一会儿。

美国第16任总统林肯曾说过：“我成功过，我失败过，但我从未放弃过。”往往，再多一点努力和坚持便收获到意想不到的成功。以前做出的种种努力，付出的艰辛便不会白费。令人感到遗憾和悲哀的是，面对一而再，再而三的失败，多数人选择了放弃，没有再给自己一次机会。

为此，生活中的人们，从现在起，当你想要放弃的时候，不妨这样激励自己：

1.坚持信念，看到希望

在遇到重重失败和困难时，大多数人选择放弃，而只有少数人还能坚持到最后的原因，是因为他们坚定地相信自己坚持下去就一定会取得最后的成功，而大多数人却因为暂时的困难和挫折蒙蔽了看到希望的眼睛！其实很多时候我们选择放弃都是因为我们看到了太多的障碍，我们没有看到希望！

2.告诉自己：成功就在下一秒

困难和挫折可以摧毁一个人，也可以成就一个人，就看你以怎样的心态面对。而心态积极与否，需要你自己选择。你可以在心里暗示自己：成功就在下一秒，坚持，再坚持，就能看到光明！

在成功的道路上，永远没有失败，只有暂时停止成功或者将要成功。所以无论何时，我们都应该信心百倍地去全力争取人生的幸福和成功，并永远激励自己：成功离我只有一百米，只要再多一分钟的坚持！坚持每天学一点东西，坚持每天快乐一点，坚持每天进步一点。

有退有进，人生才能井然有序

生活中，我们任何一个人都知道拼搏的力量，奋斗是一个人必须具备的一种品质，但并不意味着要一刻不停地奔波与忙碌。适可而止，会休息才会成长。只会向前猛冲，而不懂得减速缓行的人，在人生的某个弯道处，一定会冲出跑道，失去更多。

其实，很多时候，我们需要后退，因为后退是为了更好地前进！我们都知道这样的道理：赛跑时，先将身体重心后移，再向前跑，这是为了积蓄起跑的力量；打拳时，先将手缩回，再出拳击打，这样出拳的力量才更大；劳动清雪时，先将锹后摆，再向外扬，这样雪才会听话地被送出很远。

当我们成功时，适当地后退，享受喜悦之余能令我们保持清醒的头脑；失意时，适当地后退，能调节自己失落的心情，冷静思考；愤怒时，适当地后退，可以缓解失衡的心理，调节烦躁的心态……

每个人看到雪时多数会兴奋，当走入滑雪场，开始滑雪时，最大的体会就是感受速度带来的刺激，但紧接着的一个问题就是如何安稳地停止滑行。刚开始学滑雪的时候没有请教练，看着别人滑雪，觉得很容易，不就是从山顶滑到山下吗？于是你穿上滑雪板，一下就滑下去了，结果你从山顶滑到山下，实际上是滚到山下，摔了很多个跟斗。你发现根本就不知道怎么停止、怎么保持平衡。最后你反复练习怎么在雪地上、斜坡上停下来。练了一个星期，你终于学会在任何坡上停止、滑行、再停止。这个时候你就发现自己会滑雪了，就敢从山顶高速地往山坡下冲。因为你知道只要你想停，一转身就能停下来。只要你能停下来，你就不会撞到树、撞到石头、撞到人。因此，只有知道如何停止的人，才知道如何高速前进。

懂得减速和停止，是人生的一种境界。一味地追求高速度和高效益，也许并不能达到预期的目标，反而会适得其反，用了多大的冲劲，就能招致多大的损伤。或许就是因为有了喘息的机会，才有足够的体力进行下一步的飞跃。

生活犹如爬山，你的周围是群山峰峦，有上坡就有下坡，上坡容易下坡难，这是众所周知的道理，为什么呢？上坡对大家都会一鼓作气地向前冲，或许中间不需要停下，但下坡就不同，如果你不懂得如何停止，那么你很可能摔得头破血流。

即使是平地也是如此。平地的时候你就更需要停止，正因为看不清楚前进的方向，你就更需要适时地停下，或休息调整或稳定前行，这是必备的。

生活中，真正要做到“后退”是不容易的。但当我们真正停下来，去品味这“后退”的含义时，我们便会觉得它更有味道，更透哲理。按常理来讲，只有不断地前进才能不断地进步。但在实际生活中，我们疲于工作，疲于应酬，在不停地前进中也未必能赶得上优秀的同行们，哪有时间考虑“后退”呀？

曾经有两位唱戏的名角在同一场地、同一时间同演一出对台戏。其中一方的观众纷纷离座，涌到另一个戏台下面去了，这边的名角越唱观众越少。他羞愧万分，从此退居深山，苦练本领。几年后他重出江湖，一举压倒当年的对手，这是一种以退为进的姿态；运动会上，三级跳运动员的准备动作是后退，后退，再后退，然后助跑，起跳，跃出。他后退的每一步里都深埋着强大的爆发力，只有后退，他才会远离后退；有时候，人应该有自己的弹性，像弹簧一样，承受挤压再积极争取挤压后的一跃而起。从这个意义上看，后退就是为了前进。

其实，不是所有的人都需要空间的后退，有时候，内心的收放自如比行动更困难。有人信仰不进则退，他们奋力向前，争分夺秒，不允许自己有丝毫的后退，结果却是欲速则不达。做人应当进则进，当退则退。只要不忘记前进，那么适当的后退和休养生息一样，是不耽误前进的。

总之，适当的后退，绝不意味着认输，绝不意味着妥协，更不意味着失败，它是为了更好地前进！

不断进取的人生，知足常乐

随着人们生活水平的逐渐提高，人们对于衣、食、住、行也有了更多的选择。然而，当我们习惯了奢侈、繁华的生活时，有一些人反而会因此迷失了自己，或者是失去了正确的价值观，甚至有时候为了满足物质的欲望，心生为非作歹的念头，从而造成了社会中的不安气氛。

诚然，任何人都需要求知上进、有所追求，但让欲望占据了内心，便给人生的悲剧拉开了序幕。对某些人来说，生命是一团欲望，欲望不能满足便痛苦，满足便无聊，人生就在痛苦和无聊之间摇摆。这样的人生无疑是可悲的。

利达法师来到一座寺院做新住持。初来乍到，他绕着寺院四周巡视，发现寺院周围的山坡上到处长着灌木。那些灌木呈原生态生长，树形恣肆而张扬，看上去随心所欲，杂乱无章。

利达法师找来一把园林修剪用的剪子，不时去修剪一棵灌木。半年过去了，那棵灌木被修剪成一个半球形状。

僧侣们不知住持意欲何为。问利达法师，他却笑而不答。

这天，寺院来了一个不速之客。来人衣衫光鲜，气宇不凡。法师接待了他。寒暄，让座，奉茶。对方说自己路过此地，汽车抛锚了，司机现在修车，他进寺院来看看。

法师陪来客四处转悠。行走间，客人向法师请教了一个问题："人怎样才能清除掉自己的欲望？"

利达法师微微一笑，折身进内室拿来那把剪子，对客人说："施主，请随我来！"

他把来客带到寺院外的山坡。客人看到了满山的灌木，也看到了法师修剪成型的那棵。

法师把剪子交给客人，说道："您只要能经常像我这样反复修剪一棵树，您的欲望就会消除。"

客人疑惑地接过剪子，走向一丛灌木，咔嚓咔嚓地剪了起来。

一盏茶的工夫过去了，法师问他感觉如何。客人笑笑："感觉身体倒是舒展轻松了许多，可是日常堵塞心头的那些欲望好像并没有放下。"

法师颔首说道："刚开始是这样的。经常修剪，就好了。"

来客走的时候，跟法师约定他十天后再来。

法师不知道，来客是最享有盛名的娱乐大亨，近来他遇到了以前从未经历过的生意上的难题。

十天后，大亨来了，当天他将那棵灌木修剪成了一只初具雏形的鸟。法师问他，现在是否懂得如何消除欲望。大亨面带愧色地回答说："可能是我太愚钝，现在每次修剪的时候，能够气定神闲，心无挂碍。可是，从您这里离开，回到我的生活圈子之后，我的所有欲望依然像往常那样冒出来。"

法师对大亨说："施主，你知道为什么当初我建议你来修剪树木吗？我只是希望你每次修剪前，都能发现，原来剪去的部分又会重新长出来。这就像我们的欲望，你别指望完全消除。我们能做的，就是尽力把它修剪得更美观。放任欲望，它就会像这满坡疯长的灌木，丑恶不堪。但是，经常修剪，就能成为一道悦目的风景。对于名利，只要取之有道，用之有道，利己惠人，它就不应该被看做是心灵的枷锁。”

大亨听后恍然大悟。

人们常说：“欲望无止境”。对于那些虚无缥缈的东西，我们越是追逐，越是痛苦，因此，这又应了哲人们常说的：“欲望是人的痛苦根源，因为欲望永不能被满足。”

而在现实生活中，我们常常迷失在理想与欲望之中，将欲望的东西当做理想，这是因为二者有时实在太近，近到只有一线之隔，但事实上，理想与欲望又是有区别的，欲望是感性的，而理想是理性的。一个人离理想越远，自然就会离欲望越近。

一般来说，欲望多指的是物质上的，那么，是不是物质生活越丰富，我们就越快乐呢？答案当然是否定的。简单的生活同样能活出不一样的精彩，尤其是少了物质欲望的牵绊，我们越是能够从世俗名利的深渊中脱身，感受到自己内心深处的宽广和明净。因此，每一个人都应懂得修剪自己的欲望。

如果你能够领悟放下的道理，你将会有一种如释重负的感觉。因为只有懂得放下，才能掌握当下。人生在世，如果不能把一些不必要的东西放下，你的人生行囊将很快就没有空间去搁置你真正需要的东西。

第九章

做事的原则：明确目标，坚定不移

做事就好比登山，无论是多高的山峰，只要有台阶，只要明确了目标，坚定不移、脚踏实地，终归能够登上峰顶。任何一件事情的成功，都不可能仅凭一时之功，必定是坚定不移地朝着目标奋斗才能成功。

目标明确，强烈的欲望才能成为现实

哲人说："谁也不能随随便便成功，它来自彻底的坚定信念和顽强的自我管理。"而想成功的强烈欲望需要目标的刺激，有了明确的目标，才能刺激出强烈的欲望，做事才有可能获得成功。试想，一个茫然无措的人，他的人生毫无目标可言，这样的一个人怎么会有想成功的欲望呢？他的人生不过是"今朝有酒今朝醉"，当一天和尚撞一天钟，最后定是一事无成。相反，人生若有了清晰的目标，那就意味着人生有了方向，他毕生的心血都将为那个目标而努力奋斗，更重要的是，因为心中有了明确的目标，才会刺激出强烈的欲望。在他心里有个声音响起："一定要完成这个目标！一定要达到这个目标！"以此激发出想成功的欲望，到最后，他就真的朝着目标前进，最终登上了成功的顶峰。

在很多时候，我们都有着自己的欲望：希望自己将来能像松下幸之助一样成为获得巨大成功的实业家，希望进入自己梦寐以求的公司，谋得一个称心如意的职位，等等。但是，最终，有的人能够实现自己的愿望，度过成功的人生；有的人却不管怎么努力都达不到自己的理想，过着不幸福的日子。二者的差别在于是否存在明确的目标去实现。很多时候，决定你命运的不是才能，更不是环境等外在条件，而是你给自己定下的目标。从现在起，给自己定一个明确的目标，然后朝着这个目标前进，在潜意识强大的力量之下，强烈欲望的刺激之下，你会最终达到这个目标。

有一位年轻的乞丐，每天总是懒洋洋地斜躺在地上，面前放一个破碗，旁边还放着一根讨饭棍。许多人从他身边经过，有的人觉得他可怜，就会在他的破碗里丢几个硬币，年轻的乞丐似乎很享受这样的生活。

有一天，一个西装革履的律师找到了乞丐，对他说："先生，您好，您的一个远方亲戚不幸去世了，留下了三千万美元的遗产，根据我们的调查，您是这笔遗产的唯一继承人，所以请您在这份文件上签个字，这笔遗产就属于您了。"在这一瞬间，这位年轻人从一无所有的乞丐变成了富翁，轰动了社会。一位记者前去采访他，好奇地问道："您得到这笔三千万的遗产后，最想要去做的是什么事？"年轻人回答："我首先要去买一个像样一点的碗，再去买一根漂亮的棍子，这样我就能够像模像样地讨饭了。"

习惯于过着漂泊无依生活的乞丐，他的人生并没有什么明确的目标，无非是一天求个温饱，有地方睡觉。正是如此毫无目标的生活，让乞丐失去了人生的方向，即使在他面前有一个可以改变自己一生的机会，他也会错失良机，甚至浪费这个机会仍然过着毫无目标的生活。

哈佛大学有一项非常著名的关于目标对人生影响的跟踪调查，调查对象是一群智力、学历、环境等条件差不多的年轻人。通过调查发现：27%的人没有目标；60%的人目标模糊；10%的人有清晰但比较短期的目标；3%的人有清晰且长期的目标。

此项调查进行了长达25年的跟踪，发现那些调查对象的生活状况十分有意思：那些3%有清晰且长期目标的人，25年来几乎不曾更改过自己的人生目标，他们一直朝着同一个方向努力。25年后，他们几乎成为了社会各界的顶尖成功人士，在他们当中有白手起家的创业者、行业领袖、社会精英；那些10%有清晰但比较短期目标的人，在25年后，他们大多生活在生活的中上层，在他们身上有着共同的特点：那些短期目标不断被达成，生活状态稳步上升，成为了各行业的不可缺少的专业人士，他们的职业大多是医生、律师、工程师等；那些60%目标模糊的人，25年后他们大多生活在社会的中下层，他们能够安稳地生活与学习，但没有什么特别的成绩；剩下27%没有目标的人，25年来，他们几乎都生活在社会的最底层，而且，生活过得很不如意，常常失业，需要靠社会救济，整日怨天尤人。

也许你现在与别人差距不大，那是因为你们距离起跑线不远，而不是你比别人聪明，或者说上天眷顾你，你是属于那10%、60%还是剩下的部分，只有你自己最清楚。不过，希望你能努力成为那10%的目标清晰的人。

1.目标是催人奋进的动力

有人曾这样说，一个人无论他现在是多大年龄，其真正的人生之旅，是从设定目标那一天开始的，之前的日子，只不过是在绕圈子而已。要想获得成功，我们就必须拥有一个清晰而明确的目标，目标是催人奋进的动力。如果你缺失了目标，即使每天不停地奔波劳碌，还是无法获得成功，而成功者之所以能轻松地走到成功，那是因为他们的目标明确。

2.目标是人生的希望

一个没有目标的人就像是一艘没有舵的船，永远过着漂泊不定的生活，只会到达失望和烦闷的海滩。许多人即使付出了艰辛的努力，但还是无法成功。其实，这是因为他的目标总是模糊不清或者根本没有实际可行的目标。

在生活中，一旦我们确立了清晰的目标，也就产生了前进的动力，所以，目标不仅是奋斗的方向，更是一种对自己的鞭策。有了目标，我们就有了生活的热情，有了积极性，有了使命感和成就感。

为了自己的目标去努力，不轻言放弃

一旦确立了目标，就不要轻言放弃，要为自己的目标去努力。目标会给我们带来积极的效应，一旦我们确立了明确的目标，就会朝着这个目标不断地前进，直至达到这个目标。或许，在追逐目标的过程中，我们会遇到很多的挫折，但是，只要目标还在，就不应该放弃，再苦再累也要撑下去，你终将会迎来成功的一天。在现实生活中，许多人缺乏主动性，讨厌生活，其实就是缺失了目标。许多成功者的案例告诉我们：所有的成功者都是由一个小小的目标开始的，一旦拥有了目标，你就会产生无穷的力量。而且，在目标的感召下，你不会放弃，成功的概率将更大。一个人想拥有什么样的人生，想做什么样的事情，取决于你持有一个什么样的目标。对于每一个人来说，最重要的就是要确认自己的目标，怀揣着目标向前走，不要轻易放弃。

一场突然而来的风暴，让一位独自穿行大漠的旅行者迷失了方向，更可怕的是装干粮和水的背包也不见了。他翻遍了所有的衣袋，只找到了一个泛青的苹果。他惊喜地喊道："哦，我还有一个苹果。"他揣着那个苹果，艰难地在大漠里寻找着出路，可是，整整一个昼夜过去了，他仍然没有走出茫茫的大漠。饥饿、干渴、疲惫，使得他好几次都觉得自己快支撑不住了，可是，看一眼那个苹果，他抿了抿干裂的嘴唇，陡然又添了几分力量。他又开始继续跋涉，心中不停地默念着："我还有一个苹果，我还有一个苹果……"三天后，他终于走出了大漠，而那个始终未曾咬过一口的苹果，已经干枯得不成样子了。

在做事的过程中，常常会遭遇到各种困难与挫折，但是，请不要轻易地放弃。人生就如沙漠，而苹果就是我们的信念与目标，在追求目标的过程中，遇到了困难要努力坚持，因为目标与信念可以战胜一切的恐惧。在追寻目标的过程中，我们既需要有危机意识，更需要有坚定的目标，只有这样我们才能稳步前进，最后达到自己的人生目标。

许多年前，一位在业界颇有分量的女性到美国南卡罗纳州的一个学院给学生演讲。虽然，这个学院规模不是很大，但这位女性的到来使得本来不大的礼堂挤满了兴高采烈的学生，学生们都为有机会聆听这位大人物的演讲而兴奋不已。

经过州长的简单介绍，演讲者走到麦克风前，眼光对着下面的学生们，左右扫视了一遍，然后开口说："我的生母是聋子，我不知道自己的父亲是谁，也不知道他是否还活在人间，我这辈子的第一份工作是到棉花田里做事。"

台下的学生们都呆住了，那位看上去很慈善的女人继续说："如果情况不尽如人意，我们总可以想办法加以改变。一个人若想改变眼前不幸或无法尽如人意的情况，只需要回答这样一个简单的问题。"接着，她以坚定的语气接着说："那就是我希望情况变成什么样，然后全身心投入，朝理想目标前进即可。"说完，她的脸上绽放出美丽的笑容："我的名字叫阿济·泰勒·莫尔顿，今天我以唯一一位美国女财政部长的身份站在这里。"顿时，整个礼堂爆发出热烈的掌声。

阿济·泰勒·莫尔顿是一位女性，一位生母是聋子、不知道亲身父亲是谁的女性，一位没有任何依靠饱受生活磨难的女性，而恰恰是这位表面柔弱的女性，竟成为了美国唯一一位女财政部长。说到自己的成功，她却只是轻描淡写地说："我希望情况变成什么样，然后就全身心投入，朝理想目标前进即可。"这句看似平淡的话语中，透露出她作为一个女性的坚韧执着。我们甚至可以假设，如果没有对目标坚韧执著的品质，阿济·泰勒·莫尔顿能与苦难的生活抗争吗？如果缺乏了执着的精神，她能完成自己的人生理想吗？

1.放弃意味着一事无成

做任何一件事情，都有既定的目标，你需要做的就是朝着既定目标不懈努力，最终将事情做成功。在做事的过程中，如果你轻易就被困难与挫折打倒了，轻易就放弃了前进的方向，那么，你将会一事无成。

2.面对目标，需要执着、坚韧的态度

做任何一件事情，要想达到自己的既定目标，需要具备两种品质：执着、坚韧。执着，是坚持既定目标，不更换，不放弃，一直朝着自己的目标前进；坚韧，是在做事的过程中，有足够的勇气去面对挫折与困难，以强大的韧力战胜挫折，最后拥抱成功。

向目标前进，拒绝拖沓

曾有人问一个做事拖拉的人："你一天的活儿是怎么干完的？"这个人回答说："那很简单，我就把它当做昨天的活儿。"这就是拖沓的习惯，其实，拖沓岂止是把昨天的活儿今天来干。有人给拖沓下的定义为：把不愉快或成为负担的事情推迟到将来做，特别是习惯性这样做。如果你是一个做事拖沓的人，那么，生活中大部分时候都在浪费时间，做一件小事也需要花很多时间来思考，担心这个担心那个，或者找借口推迟行动，但最后又为没有完成目标任务而后悔，这就是“拖沓者”典型的特点。拖沓对于成功来说，是一个讨厌的绊脚石，拖沓的习惯阻碍目标任务的完成。所以，要想获得成功，就需要向目标立即奋进，拒绝拖沓。

阿尔伯特·哈伯德出生于美国伊利诺州的布鲁明顿，父亲既是农场主又是乡村医生。年轻时的哈伯德曾在巴夫洛公司上班，是一名很成功的肥皂销售商，但是，他却对此感到不满足。1892年，哈伯德放弃了自己的事业进入了哈佛大学，然后，他又辍学开始到英国徒步旅行。不久之后，哈伯德在伦敦遇到了威廉·莫瑞斯，并喜欢上了莫瑞斯的艺术与手工业出版社。

哈伯德回到美国，试图找到一家出版社来出版自己的那套《短暂的旅行》自传体丛书，但是，他没有找到任何一家出版社。于是，他决定自己来出版这套书，创建了罗依科罗斯特出版社。书出版之后，哈伯德成为了既高产又畅销的作家。随着出版社规模的不断扩大，人们纷纷慕名来拜访哈伯德。最初游客会在周围住宿，但随着人越来越多，周围的住宿设施已经无法容纳更多的人了，哈伯德特地盖了一座旅馆。在装修旅馆时，哈伯德让工人做了一种简单的直线型家具，而这种家具受到了游客们的喜欢，于是哈伯德开始进入家具制造业。哈伯德公司的业务蒸蒸日上，同时，出版社出版了《菲士利人》和《兄弟》两份月刊，而随后《致加西亚的信》的出版使哈伯德的影响力达到了顶峰。

有人说，阿尔伯特·哈伯德拥有无比传奇的一生，他之所以能在多方面获得成功，在于他从来不拖沓，不断地朝着自己的一个又一个目标努力奋进。阿尔伯特·哈伯德是一位坚强的个人主义者，一生坚持不懈、勤奋努力地工作着，成功对于他来说是理所当然的。

马克·吐温曾经说过：“如果你每天早上醒来之后所做的第一件事情是吃掉一只活青蛙的话，那么你就会欣喜地发现，在接下来的这一天里，再没有什么比这个更糟糕的事情了。”由此引发出了“青蛙”规则，对每一个人而言，

“青蛙”就是最重要的任务，如果我们现在对它不采取行动的话，我们就很可能会因为它而耽误时间，“青蛙”也可能是对我们的生活产生最大积极影响的事情。

有人引申出了“吃青蛙”的两条规则：一是如果你必须吃掉两只青蛙，那么要先吃那只长得更丑陋的。简单地说，假如在一天里我们面临了两项重要的任务，那么我们应该先处理更重要的一项。养成这样的习惯，而且一开始就要坚持到底，完成一个目标再接着开始另外一个目标。

二是如果你必须吃掉一只活的青蛙，那么即使你一直坐在那里并盯着它看，也无济于事。即使摆在面前的是一件非常难做的任务，我们也需要立即行动，漫无目的地思索只会浪费更多的时间，这可以使我们养成不假思索、立即行动的习惯。

为了完成既定目标，提高自己的工作效率，关键在于立即行动，即“吃掉那只青蛙”：每天早上要做的第一件事情，就是对你来说最重要的那件事情，并使之成为一种习惯。这样时间久了，自然就能克服拖沓的毛病。大量的研究表明，那些成功人士身上最显著的共性是“说做就做”。一旦他们有了明确的目标，就会立即展开行动，一心一意、持之以恒地完成这项工作，直到完成目标为止。

1.朝着目标，立即出发

在《致加西亚的信》中，阿尔伯特·哈伯德讲述了罗文送信这样的情节：“美国总统将一封信写给加西亚的信交给了罗文，罗文接过信以后，并没有问‘他在哪里’，而是立即出发。”拖沓、懒散的生活态度，对许多人来说已经是一种常态，要想成为罗文这样的人，我们就应该拒绝拖沓。

2.培养做事不拖沓的习惯

通常来说，一个人成就的大小取决于他做事情的习惯，克服拖沓是做事情的一个重要技巧。我们要想完成既定目标，取得成功，就应该培养做事不拖沓的习惯，通过学习“吃掉那只青蛙”，不断地重复这个行动。一旦养成了习惯，“完成目标，马上行动”就会成为一件自然而然的事情。

心中有目标，你已立于不败之地

纵观那些作出巨大成就的人，他们都一定知道自己想成就的是什么。当然，他们绝不像太平洋中没有指南针的船只那样，随风飘荡。成就梦想，定下目标是第一步，然后思考如何达成自己的目标。这道理似乎听起来好像老生常谈，但是，许多人都没有认识到：为自己制定目标以及执行计划，是唯一能超越别人的可行途径。一位哲人说："我早已致力于我决心要保持的东西，我将沿着自己的路走下去，谁也无法阻止我对它的追求。"在人生的道路上，我们做任何事情都需要有立场、有目标，心中有了目标，那就意味着已立于不败之地。

在西撒哈拉沙漠中，有一颗璀璨的明珠——比赛尔。每年，数以万计的旅游者会来到这里观光、游玩。可是，在很早以前，这里只是一个封闭而落后的地方，这里的人从来没有走出过沙漠。当然，他们并不是不愿意离开这块贫瘠的土地，而是他们在尝试了许多次都没能走出去。

有一天，肯·莱文来到了比赛尔，他用手语问这里的人："你们为什么不走出沙漠？"结果所有人的回答都一样：从这儿无论向哪个方向走，最后都还是回到出发的地方。肯·莱文不相信这种说法，他亲自做了一次试验，按照指南针的指示，从比赛尔村一直向北走，结果花了三天半的时间就走出来了。肯·莱文很纳闷：为什么比赛尔人不能走出大漠呢？为了知道原因，肯·莱文雇了当地一名叫阿古特尔的青年做向导，这位青年也从来没有走出过大漠，肯·莱文收起了指南针等现代设备，让阿古特尔带路，看看到底会发生什么。他们带了半个月的水，牵了两头骆驼就出发了。很快，十天过去了，他们走了大约八百英里路程，第十一天早晨，他们果然又回到了比赛尔。肯·莱文终于明白了，比赛尔人之所以走不出沙漠，是因为他们在沙漠里没有目标与方向。

在一望无际的沙漠里，如果一个人只是凭着感觉走，他就会走出大小不一的圆圈，最后又回到原点。由于比赛尔村在沙漠的中间，方圆千公里几乎没有任何参照物，如果不认识北斗星，想走出大漠是不可能。肯·莱文离开比赛尔的时候，他告诉阿古特尔如何通过北斗星找到正确的方向，他说："只要你白天休息，夜晚朝着北面那颗星走，就能走出沙漠。"阿古特尔照着去做了，三天之后果然来到了沙漠的边缘，因此，阿古特尔成为了比赛尔的开拓者，他的铜像被竖在小城的中央，并刻了一行字：跟着目标就不会迷路。

每个人的行为都是有目的性的，一般来说，没有目的性的行为是很难成功的。有可能你想成为一名政治家，想成为一名流行歌手，想成为一名将军……但是，生活中没有目标的人就是可怜的糊涂虫，他们永远没有办法找到成功的途径。车尔尼雪夫斯基曾说："一个没有受到献身热情所鼓舞的人，永远不会做出什么伟大的事情。"一旦我们失去了目标，就意味着失去了人生的推动力，失败必将来临。当然，在追寻目标的过程中，我们应该有自己的立场。

人生的精彩源于梦想的精彩，目标的高度决定成就的高度。其实，我们每个人都是自己命运的设计师。很多时候，人生的道路该如何去走，向着什么方向去走，最终要达到什么样的目标……所有这些问题都应该是我们自己的立场，而不需要被别人左右。如果我们无法确定自己的立场与目标，那么一生也不会有大的作为。

看准目标一举拿下，不要犹犹豫豫

有了目标，就应该果断地为之努力，并不断地坚定这个目标，千万不要犹豫，一旦陷入犹豫的旋涡，你将会被吞噬。等到你再次做出决定的时候，目标早已经变得模糊，这时候，你还能像当初那样意气风发吗？在实现目标的路途中，有的人目标丢失了，有的人目标实现了，有的人目标尚未实现。然而，在朝着目标前进的路途中，我们需要记住一个原则：看准目标，一举拿下，只有果断做出决定，目标才不会遥不可及，才可以成为现实。在生活中，我们经常祝福朋友"梦想成真"，其实，这样美好的祝福一样适用于心中既定的目标。只要我们能果断地拿下目标，那么，成功就离我们近了一大步。所以，在现实生活中，若是认定了目标，不要犹豫，否则，你将会丧失追逐目标的勇气。

我小学六年级的时候，由于考试得了第一名，老师送给我一本世界地图，我十分高兴，回到家就开始翻看这本世界地图。那天正好轮到我为家人烧洗澡水，我一边烧水，一边在灶间看地图。突然，我看到了一张埃及的地图，原来埃及有金字塔、尼罗河、法老王，还有许多神秘的东西，心想：我长大以后一定要去埃及。当我正看得入神的时候，爸爸走过来了，大声对我说："你在干什么？"我说："我在看地图。"爸爸跑过来给了我两个耳光，然后说："赶快烧火！看什么埃及地图！"然后，他又踢了我一脚，严肃地对我说："你这辈子绝不可能到那么遥远的地方！赶快烧火！"

我呆住了，心想：真的吗？难道我这辈子真的不能去埃及吗？我开始陷入了犹豫，但这时心中有个声音在说："不要犹豫，否则，你就会失去目标！"于是，我醒悟了过来，坚定了自己的目标，不再犹豫，我的目标就是去埃及。

二十年后，我第一次出国就是去埃及，朋友都问我："你到埃及去干什么？"我说："因为这是我的人生目标。"我自己跑到了埃及，在金字塔前面，我买了张明信片写给爸爸："亲爱的爸爸，我现在在埃及的金字塔前面给你写信，记得小时候，你打我两个耳光，踢我一脚，说我不可能到这么远的地方来。"

即使自己的目标遭到了爸爸的讽刺，但是，面对内心的声音，那早已经定下的目标，他没有犹豫，果断地为自己写下这样的人生目标：去埃及！因为对目标的坚持，他后来真的去了埃及。如果在爸爸的训斥下，他犹豫了，觉得自己或许不能达成目标，可能他这辈子就真的没有办法去埃及了。很多时候，目标需要被肯定，它才能彰显出更大的力量，否则，你的目标将永远是模糊不清的，也意味着你难以达到自己的目标。

1995年，马云受托去美国催讨一笔债务，结果，他一分钱都没有要到，但他发现了互联网。顿时，马云意识到互联网是一座等待开掘的金矿，在回到杭州之后，马云身上只剩下1美元和一个疯狂的念头：做互联网。

然而，当他把自己的目标告诉身边的朋友时，却遭到了朋友的一致反对，但是，马云并没有犹豫，而是坚定了自己的目标。在后来的四年时间里，马云舍弃了两次很好的机会，但是，马云的互联网目标却丝毫没有动摇，他再一次决定：回杭州创办自己的公司，一切从零开始。1999年4月15日，阿里巴巴上线，很快在商业圈里声名鹊起。马云开始在世界各地讲述互联网的梦想，著名的风险投资公司InvestAB的亚洲代表台湾蔡崇信加盟到其中，随后华尔街多家公司向阿里巴巴投入了巨额资金。一时之间，阿里巴巴声名大振，马云的目标实现了。

面对"创建互联网"这个目标，马云没有犹豫，而是一举拿下。如此的果敢精神，为他后来的努力提供了强大的精神支柱。当然，在确立目标的那一刻，你首先需要认定自己是否有足够的能力来达成目标。因为一个人应该首先认定自己有能力实现目标，其次才是用双手去建造这座理想大厦。

1.目标需要被认定

有的人为自己确立了目标，但是，如果旁边的人说了什么，他就开始犹豫自己的目标是否可行，这样一犹豫，当初那种为了目标而不懈努力的冲劲自然淡了下来。等到他再次认定目标的时候，心中的豪情壮志早已经消失得无影无踪了。因此，目标需要被认定，而且是毫不犹豫地认定，否则，你只会失去目标。

2.犹豫将会为你制造更多的障碍

在实现目标的路途中，我们可能会遇到许多的困难与挫折，但只要你能坚定目标，那么，再多的障碍你都会跨过去。反之，如果你一再犹豫不决，只会为你前进的道路制造更多的障碍，这样一来，目标定是难以实现的。

机会不是别人给的，自己要争取

哲人说："人生有三大憾事：遇良师不学；遇良友不交；遇良机不握。"然而，在生活中，机会并不是别人给的，而是需要自己争取的，否则，你只会错失良机。托·富勒曾说，"一个明智的人总是抓住机遇，把它变成美好的未来。"在人生的旅途中，任何机会都有可能给你带来意想不到的成功，如果你想获取成功，那就不要放弃哪怕只有万分之一的机会。那些坐等机遇的人，只会被机遇甩在身后；而只有那些极力争取机会的人，他们才会搭上成功的顺风车。当然，机会并不是什么神秘的东西，在现实生活中，能够发现机遇的人有很多，但是并不是每一个人都能够抓住机遇取得一番成就，这其中的原因就是在于发现机遇的那个人是否有争取机会的头脑。

有人说："金子不是在哪里都会发光的，它在不同的地方发光的程度是不同的。"在现实生活中，并不是有能力的人就一定会成功。当机会尚未到来的时候，即使你怨天尤人也无济于事。而当机会来临的时候，犹豫不决，或者畏缩不前才是你平庸的症结所在。对于那些想成就一番大事的人来说，每一个小小的机会都显得特别重要。不过，若是干柴遇不到火种，永远都不能燃烧；千里马碰不到伯乐，只能一辈子拉车……在人生的旅途中，机会是均等的，如果你想有所发展，就要善于把握机会，为自己争取机会。

肯尼迪高中毕业，想找份工作，打算从"专业销售"开始。他的目标是拥有公司配的又新又好的汽车，一份薪水，外加佣金和奖金，每天西装革履地上班，还有出差机会。

有一次，肯尼迪偶然发现了一则招聘广告："一家出版公司的全国销售经理要在本城待两天，只为了招聘一位负责5个州内各书店、百货公司和零售商的业务代表。"他心中一动，这不正好是一个绝佳的机会吗？但不幸的是，肯尼迪不是他们的理想人选。他去面试时，那位全国业务经理很客气地向他解释："你不是我们要找的人。第一，你太年轻；第二，你没有工作经验；第三，你没念大学。这份工作是为年龄在35~40岁之间、大学毕业，并具有相当丰富经验的人准备的，而对于你这种刚出校园的毛头小伙是不适合的，本公司已有几位应聘者待定。”

这时，肯尼迪决定自己争取机会。他说：“瞧，你们这个地区缺业表代表已长达6个月了，再缺3个月也不至于太坏吧。听听我的主意：让我做3个月，公司只负担公务费，我不要工资，还开我自己的车。如果我向你证明自己能胜任这份工作，你再以半薪雇我3个月，不过我要全额佣金和奖金，还得给我配车。如果这3个月我仍胜任这份工作，你就用正常条件录用我。”

最后的结局是：肯尼迪被录用了。他在很短的时间里重组了销售流程，创下3项纪录：短期内在困难重重的地区扭转乾坤；3个月内，让更多新客户的产品摆满他们的整个摊位；争取到新的非书店连锁的大公司。3个月以后，肯尼迪有了公司配车、全额工资、全额佣金和奖金。而这一切都是源于肯尼迪愿意为自己争取机会，否则，他只能成为被淘汰的那一个。敢于争取机遇，肯尼迪勇敢地前去面试；能够抓住机遇，肯尼迪不求回报地说服雇主让他一试；能够利用机遇，肯尼迪最终成就了自己的传奇人生。肯尼迪的故事告诉我们：很多时候，机会并不是别人给的，而是靠自己争取而来的。

1.机会是自己努力的结果

任何一个机会都是平等的，一旦来临就需要牢牢把握。有时候，没机会也可以自己制造机会。而对于大部分的人来说，机会都是靠自己争取来的，机会是自己努力的结果。上帝总是公平的，他给予我们每个人的东西都是平等的，但是，上帝又是智慧的，那些本来属于你的东西，他偏偏让你经过自己的努力争取，才肯放手给你。

2.若争取，尚有一丝机会

在生活中，有的人在事业上屡屡不顺、屡遭失败，嘴里总嚷着要努力战胜困难，获得成功。但是，他们却只说不做，不自己去争取机会，如此又怎么会成功呢？机会是自己争取的，即使前面是一条死胡同，但如果你去极力争取了，尚有一丝机会；若放弃，那连这一丝机会都失去了。只有努力争取，你才有成功的可能，只说不做，只会让自己一步步走向失败。

用满满的信心去迎接成功

美国职业橄榄球联会前主席D.杜根曾说："强者不一定是胜利者，但胜利迟早都属于有信心的人。"其实，自信是一种态度，从心理学角度说，信心可以决定一个人的成与败。生活中，许多人之所以缺乏自信有诸多因素，可能是在失败的经历中自信心被磨灭，可能是内心存在自卑感，等等。由于缺乏自信，他们没有明确的人生目标，常常会感到茫然无措；在机会面前，因为自卑，他们畏缩不前，最终错失良机。不过，我们永远无法否认的是：自信是获得成功不可缺少的前提，自信会引导我们走向成功。自信满满的人，他们遇事不畏缩、不恐惧，即使内心隐隐不安，但他们也能勇敢地超越自我；自信满满的人，他们浑身上下充满了活力，能解决任何问题，凡事全力以赴，最终他们成为了最伟大的胜利者。对此，我们应该记住这样一句话：只有自己重视自己，别人才会重视你。所以，不要自卑，用满满的信心去迎接最后的成功。

有一个人经常出差，但常常买不到有座的车票。奇怪的是，无论长途短途，无论车上多拥挤，他总是能找到座位。有人问他秘诀是什么，他说："办法其实很简单，我自信能找到一个空着的座位。我总是很耐心地一节车厢一节车厢找过去，也许，你认为这个办法似乎并不高明，但是，每一次都很管用。因为我每次都做好了从第一节车厢走到最后一节车厢的准备，而每次我都用不着走到最后就发现了空着的座位。"他笑了笑，接着说："因为像我这样锲而不舍寻找座位的人并不多，经常我已经坐在位子上了，而旁边还有许多空位，但在一些车厢的过道和车厢接头处挤满了人。"

有人问他："你是如何找到这个办法的？"他解释说："大部分人很容易就被一两节车厢拥挤的表面现象迷惑了，不会认真思考火车在途中多次停靠会潜藏着不少有座位的机遇，即使他们想到了这一点，但许多人依然没有那份寻找座位的耐心。在他们眼里，一小块立足之地就已经很满足了，为了一两个座位背着行囊挤来挤去，他们会觉得这样做不值得。甚至，他们还担心万一找不到座位，再回来连个好好站着的地方都没有了。”听了他的话，人们慢慢理解了他为什么会在事业上取得如此巨大的成功了，那是源于他内心的那份自信。

自信、执着，会让你拥有一张人生之旅的永远坐票。那些不愿意主动寻找座位，最终只能一直站到下车的人，他们其实就是在生活中安于现状、不思进取、害怕失败的人，最终，他们永远滞留在没有成功的起点。

成功大师韦尔奇这样解释他的成功：“我们所经历的一切都会成为我们信心建立的基石，当你被选为一支球队的队长，在球场中选队员时，你就掌握了这支队伍，然后事情就这么发生了，渐渐地，你会习惯这些经验，而且人们也会信任你，给予你善意的回应。”其实，在生活中，任何事情本身并不能影响我们，我们只是受对事物的看法的影响，在任何时候，我们都不能将自己看成是一个失败者，而是尽量把自己当成一个胜利者。每个人没有什么局限性，任何人都一样，而在每个人的内心都有一个沉睡的巨人，那就是信心。

1.自信是成功的第一秘诀

戴高乐将军曾说：“眼睛所看到的地方，就是你会到达的地方，唯有伟大的人才能成就伟大的事，他们之所以伟大，就是因为他们决心要做出伟大的事。”凡是成功者都具备一个共同特征，那就是对自己有信心，成功次数越多，他们的自信心就越强。成功的第一秘诀就是自信心，如果自己都不相信自己，那么别人更不可能相信你。

2.只要相信自己，没有什么不可能

爱迪生曾经试用1200种不同的材料做白炽灯泡的灯丝，但是都失败了，有人批评他：“你已经失败了1200次了。”可是，爱迪生不这么认为，他充满自信地说：“我的成功就在于发现了1200种材料不适合做灯丝。”正是怀着这份自信，爱迪生最后获得了成功。这其实就是心理学中的“自信心效应”，只要相信自己，就没有什么不可能。

第十章

做事的智慧：圆融通达，游刃有余

胡雪岩说：“为人处世须要以‘圆世’为主。”审时度势，灵敏通融做事，这既需要大智慧，也需要大的容忍度。在生活中，做事需圆融通达，方能游刃有余，在做事的过程中，既通，又活，还融，达到圆融的最佳状态。

真诚赞美令对方喜不自胜

每个人都喜欢听赞美的话，这是因为每个人都有一种渴望尊重的心理需要，而赞美会使对方这样的需要得到极大的满足。爱听好话是人的天性，俗话说："良言一句三冬暖。"赞美他人意味着肯定了对方的价值，这时候，对方通常都会喜不自胜，心理上自然与你亲近起来。当然，赞美并不是所谓的"花言巧语"，而是真诚的赞美。心理学家认为：对方心理上的亲和，实际上就是接受你意见的开始，同时，也是其态度转变的开始。由此可见，要想在做事过程中获得成功，我们应该给予对方真诚的赞美，而对方一定不会负我们所望。

科劳德是毕加索的小儿子，他的母亲弗朗索瓦兹·吉洛特非常喜欢绘画，一进画室便不希望被别人打扰。一次，儿子想让妈妈带他出去玩，可吉洛特已全身心投入到绘画上，听到敲门声和儿子的喊声，只是回应了一声"哎"，之后接着埋头作画。过了一会儿，儿子又说："妈妈，我爱你。"可得到的回应也只是："我也爱你呀，我的宝贝儿。"门却并没有打开。儿子又说："我喜欢你的画，妈妈。"吉洛特高兴了，她答道："谢谢！我的心肝，你真是个小天使。"可是仍然没有开门。儿子又说："妈妈，你画得太好看了。"这时吉洛特停下笔，却没有说话也没有动。儿子又说道："妈妈，你画得比爸爸画得还好。"听了这话，妈妈把门打开了，答应儿子一起出去玩。

刚开始的时候，无论儿子怎么央求，妈妈都不为所动，当儿子说出"妈妈，你画得比爸爸画得还好"这样的赞美之词，妈妈的心被打动了。吉洛特的画自然比不上绘画艺术大师毕加索，但那句赞美却说到了她的心里，你让她怎么拒绝呢?

赞美对方是一种有效的情感投资，而且投入少，回报大，这是一种非常符合经济原则的行为方式。赞美同事会令同事更乐意为你整理文件；赞美上司会令上司更加重用你；赞美下属会使其更加乐意为你效劳。真诚的赞美会令对方获得心理上的愉悦。当然，只有真诚的赞美才有感染力，如果你只是虚情假意，对方不仅不会愉悦，反而会心生厌恶。真诚的赞美是发自内心的，是心灵的呼唤，只有真诚的赞美才能收到好的效果。

日本加藤清正家的老臣饭田觉兵卫是一位勇猛又擅长谋略的武将，但在加藤清正死后，他的宗族被追加了爵位，觉兵卫却从此辞官，并在京都过着隐居的生活。有一次，他对别人说："我第一次在战场上建功时，也同时目睹了许多朋友因战殉职。当时，心想这是多么可怕的事情，我再也不想当武士了。可是，当我回到营里，加藤清正将军夸赞我今天的表现，随后又赐给我一把名刀。这时，我不想当武士的念头被打消了。后来，每次上战场，我总是有不想再当武士的念头。可是每次回到营地时，总会受到夸赞和奖赏。周围的人都以钦羡的眼光看我。所以，我的心一次次地动摇，总是没能达成我的心愿，也就一直服侍清正公。现在想来，清正公真是巧妙地利用了我。"

即便是饭田觉兵卫这样英勇的士兵在面临战争时也会害怕，心中有不想当武士的念头。但是，在加藤清正真诚的赞美之下，他把自己的一生都贡献给了国家。加藤清正的高明之处在于，通过对武士的真诚赞美，留下了饭田觉兵卫这样忠勇的部下，并使其心甘情愿为自己效力。

1.从细微之处赞美对方

虽然每个人都有一些公认的优点或长处，不过，为了体现自己的"特别关注"，我们应该尽量从细微之处赞美对方，令其产生被重视、被尊重的感觉，比如"你这衣服真好看""只错了一点点，你就重新写了一遍，真认真啊"，这会令对方有意外之喜。

2.给对方一顶高帽

在求人办事的时候，需要适时给对方戴上高帽子，比如"最近你的皮肤变白了""最近你的工作表现得很优秀"，令对方心情愉悦。

3.肯定对方

当我们在肯定对方的时候，实际上就是暗示对方具备某种能力，然后，对方就会按着这种能力要求自己，最终他们的行为会达到你所期望的目标。

在不同场合要会看人说话

在生活中，一个会做事的人说话也需要讲究技巧，需要看对象、分场合，以此给自己和他人留一些空间，因为，只有这样才能与他人更好地交往下去。俗话说："到什么山上唱什么歌。"任何一个人在任何一个场合说话，都有特定的身份，简单地说，就是有自己的"角色"。一个人即使在家里，面对不同的人，他也有诸多的身份，比如，在孩子面前，可能是母亲或父亲；在父母面前，你又变成了儿子或女儿。而且，由于你的角色不同，你对孩子应该是一种特定的口吻，对父母应该是另外一种口吻，这两者不可调换。如果你用对孩子说话的语气来面对父母说话，这就显得很失礼了。所以，在现实生活中，说话要看对人，看清场合，说对话。

在做事的过程中，不同时机、不同场合，应该以不同的方式说不同的话。比如，在上班时，与顾客说话需要注意说话技巧，避免套话，拒绝生硬的口气；对上司，说话需要注意语气，避免花言巧语，拒绝嚣张的语气。即使是同样的语言，但由于场合的不同，说话的方式也应该有所不同。这是因为很多语言只限定于某些场合，比如，对爱人的甜言蜜语只适用于家里，而不适用于公众场合。对此，我们在进行语言表达时，只有依据不同的场合，选择最恰当的语言，才能更准确地表达自己的思想与意图。

有个人请客，看看约的时间过了，还有一大半的客人没来。他心里很焦急，便说："怎么回事，该来的客人还不来？"一些敏感的客人听到了，心想："该来的没来，那我们是不该来的喽？"于是悄悄地走了。

主人一看又走掉好几位客人，就更加着急了，便说："怎么这些不该走的客人，反倒走了呢？”剩下的客人一听，又想：“走了的是不该走的，那我们这些没走的倒是该走的了！”于是又都走了。

最后只剩下一个跟主人坐得较接近的朋友，看了这种尴尬的场面，就劝他说：“你说话前应该先斟酌一下，否则说错了，就不容易收回来了。”主人大喊冤枉，急忙解释说：“我并不是叫他们走哇！”朋友听了大为恼火，说：“不是叫他们走，那就是叫我走了。”说完，头也不回地离开了。

在现实生活中，有的人说话总是太过夸张，他们毫不理会旁人的感受。他们有可能会在公众场合大声说话，大呼小叫地希望引起别人的注意；或者公然地谈论某人的缺点，随意打断他人的话语，他们自认为这就是“口才”，其实，这样的语言表达什么都不是，只会让人心生厌恶。

英国女王维多利亚，与丈夫阿尔伯特感情十分要好，两人相亲相爱。维多利亚是一国之君，整天忙于应酬和公务，而丈夫阿尔伯特对社交缺乏兴趣，不太关心政治。

有一天，女王维多利亚忙完了公事，已经是深夜了，她回到卧室，见房门紧闭，就敲起门来。房里传来了丈夫阿尔伯特的声音：“谁？”维多利亚大声回答说：“我是女王。”但是门并没有打开，还是紧锁着，于是，维多利亚再次敲门。这次，丈夫阿尔伯特又问道：“谁？”维多利亚回答说：“维多利亚。”但门还是没有打开，女王只好继续敲门，阿尔伯特再问：“是谁？”女王维多利亚温和地回答说：“你的妻子。”这一次，门开了，女王维多利亚走了进去，而丈夫阿尔伯特微笑地望着她。

在外面，维多利亚是女王，但她回到家里，角色转变了，她不再是女王，而是一位妻子。在宫廷中，维多利亚对着官员们说话是一种情景，但回到家对丈夫阿尔伯特说话又是另外一种情景。这个故事告诉我们：说话要看清场合，即使是同样的语言，在某些场合可能是合理的，但在另外一些场合却是错误的。

1.分清场合再说话

说话要注意场合。有的人说话的时候，随心所欲，信口开河，想到什么就说什么，这其实是不会说话的表现。在不同的场合，从不同的目的出发，就应该说不同的话，用不同的方式说话，这样才能收到理想的效果。

2.看对人，说对话

俗话说："人上一百，形形色色。"每个人都有自己的性情，有自己的秉性。因此，我们在面对不同的人时，应注意自己的言辞表达，尽量符合对象的脾气性格，因人而异，做到"求神看佛，说话看人"。

朋友多了路好走

俗话说："多个朋友多条路，多个仇人多堵墙。"在纷繁复杂的社会中，一个人的力量是渺小的，难以成大事，凡事都需要朋友的帮忙。手中没权势不要紧，身边的朋友就是最好的资源。在生活中，那些最会办事的人，并不在于他有多大本事，而是他拥有许多有"能力"的朋友。有的人不仅善于培植人脉资源，而且，擅长"移花接木"，比如，这个朋友托付的事情，他可以请另外一个朋友帮忙，这无异于"资源整合"，到最后，他的朋友越来越多，一旦遇到了麻烦事情，各路朋友都跑来帮忙，还愁事情做不好吗？

阎焱，软银亚洲投资基金CEO，1982年毕业于南京航空学院飞机系，1986年获北京大学社会及经济学硕士学位，1987年研读于美国普林斯顿大学获国际政治经济学博士学位。

阎焱之所以能赴美留学，是因为他攻读北大研究生时认识了一个外籍老师——来自美国普林斯顿大学的访问学者Roger Michiner。Roger Michiner很欣赏阎焱，两人经常一起聊天，有一次他主动说："你应该去美国读书，我可以帮你写推荐信。"

不久之后，阎焱通过托福考试，取得了美国普林斯顿大学录取通知书和四年全额奖学金后，Roger Michiner又在生活上给予了阎焱帮助。1986年8月，阎焱回忆说："我到美国的第一天晚上，就住在Michiner教授家里，他的家也在普林斯顿。Michiner教授待我非常好，在普林斯顿，他仍然是我的专业教授。我毕业多年以后，他也离开了普林斯顿大学。我们的友谊一直到现在。”

由于外籍老师的推荐信，阎焱获得了赴美深造的机会。而因为那位老师的关系，阎焱在美国结识了更多的朋友。就是这些朋友的帮忙，再加上自己的努力，他成为了软银亚洲投资基金的CEO。西班牙著名作家塞万提斯就曾这么说：“重要的不在于你是谁生的，而在于你跟谁交朋友。”有时候，或许你与他人所拥有的能力都是相当的，但别人能在仕途上平步青云，而你只能窝在小公司做个普通职员，很大程度上是因为你们身边朋友的缘故。

彭先生的公司终于成立了，他曾经的梦想实现了。他心里特别想感谢一个人，那就是小王。以前，两人在一起吃饭喝酒，虽然，小王只是一个小员工，但彭先生从来没轻视对方，反而把对方当成很好的朋友。后来，由于工作调动，两人渐渐失去了联系。

谁料，几年后再见面，小王已经成为了大公司的老板。彭先生从朋友那里听说后，心里很高兴。原来，彭先生正打算开办自己的公司，不过还有一部分资金没着落。他决定找小王帮忙。短暂的寒暄之后，彭先生慢慢说出了自己的来意，他以为小王会委婉拒绝，没想到小王居然爽快地答应了，还说：“如果需要的话，我可以多借给你一点。”就这样，有了小王的帮助，成立公司的事情自然就顺利多了。看着小王如此待自己，彭先生的心里充满了感激，他与小王增加了联系，也开始关心起小王起来，不自觉地，他将小王列为了值得信赖的朋友。

彭先生真心把小王当成朋友，但后来失去联系，谁料命运的转变，让这份友谊得以延续。“三十年河西，三十年河东”，谁料到一个小工厂的工人有一天也成了大老板，而由于小王的真心帮助，彭先生的公司也创办了起来。多一个朋友就多双手，平时多培植，关键时刻往往有朋友助你成功。

1.朋友是最好的人脉资源

好莱坞流行着这样一句话：“一个人能否成功，不在于你知道什么，而是在于你认识谁。”可见，人脉是一个人通往财富、成功的门票，而朋友无疑就是最好的人脉资源——投资少，回报大。在现实生活中，或许大部分人在交朋友的时候，原本并没有利益的目的，但是朋友交往多了，交情深了，关键时刻总是能帮上忙的。

2.人情是相互的

当然，朋友之间联系的是人情，交往和帮忙应是相互的。你遇到麻烦的时候，朋友为你奔忙；一旦对方有了困难，你也应该竭力为其效劳。如果你仅仅希望朋友帮助你，而自己不想付出，时间长了，你身边的朋友或许都会变成阻碍你前进的“墙”。

让别人欠下你的“感情债”

曹操的儿子曹植是一个文人，对结党营私完全是外行，遭受其兄曹丕的排斥，郁郁寡欢，忧怨之余，这位深宫才子赋诗感叹：“利剑不在掌，结友何须多。”在现代社会，许多人跟曹植一样患上了社交恐慌症，做事情的时候，总是找不到合适的“得力助手”，结果大多以失败告终。其实，很多时候，“社交恐慌症”是自己造成的，在遇到麻烦事的时候，总是到处欠人情，可以说是欠了一屁股的债，以至于到最后都不好意思再次请人帮忙。实际上，我们都忽略了，人情和钱财一样，宁愿别人欠你人情，而不愿意自己欠别人的。而对于人情账更是宜储存，不宜透支。

孟子曰：“天时不如地利，地利不如人和。”这里的“人和”就是关系、感情，孟子早在几千年前就知道了感情的重要性。实际上，人际关系的实质就是一种情感互动，人们能从人与人的交往中得到温暖、友情和爱，从而对生活充满热情。每个人都需要爱和感情的慰藉，感情投资正是通过满足人们人性的需要、感情的渴望而进行投资的。

藤田田在自己所著的畅销书《我是最会赚钱的人物》中提到，日本麦当劳每年支付巨资给医院，作为保留病床的基金。职工或其家属生病、发生意外，可立即住院接受治疗。即使在星期天有了急病，也能马上送到指定医院，避免多次转院带来的麻烦。

有人曾问藤田田，如果员工几年不生病，那这笔钱岂不是白花了？藤田田回答："只要能让职工安心工作，对麦当劳来说就不吃亏。"

藤田田的信条是：为职工多花一点钱进行感情投资，绝对值得，我愿意让员工感觉是他们欠我的，而不是我欠他们的。感情投资能换来员工的积极性，由此所产生的巨大创造力，是其他任何投资都无法比拟的。

藤田田成功的秘诀就是对自己的员工进行感情投资，每个员工都希望自己能够得到上司的肯定，如果受到了来自上司的关心，他就会受宠若惊，加倍努力工作。相应地，员工会产生一种回报的心理，总感觉老板对自己的好需要自己去回报，这就好像欠别人钱一样，总想着去还这笔债。而藤田田正是洞察了员工这样的心理，感情投资换来了员工的积极性，也保证了自己企业的成功。

胡雪岩说："欲无办大事之难题，必先倾全力做到圆世道、圆身心。"在胡雪岩的眼里，处理好人际关系是经商成功的一半。在这个处处需要人情的社会，人与人之间的关系大多是靠情来维系的。这就需要人们不断地进行感情投资，"没有春风，唤不来秋雨"，就是这个道理。你的感情投资意味着别人欠你的人情，你投资越多，人情就越丰厚，而愿意帮助你的人就越多，当你遇到困难的时候，就不用愁没人帮忙了。相反，如果你总是透支人情，到处欠下人情债，终有一天，你将成为无人问津的孤家寡人。

1.感情投资是最有效的投资

人是感情的动物，你在感情的账户上储蓄，就会赢得对方的信任。当你遇到困难时，就可以通过这种信任换来对方鼎力的帮助。每个人都有爱的需要，感情投资正是通过满足这样的需要，针对感情的饥渴而进行投资，是迎合别人内心的渴望。因此，感情投资也是一种最有效的投资。

生活中，要学会关爱他人，善待他人，帮助他人，感染他人。一次真诚的探望，一束漂亮的鲜花，一条温馨的信息。看似平凡的举动，都将在他人的情感上引起不平凡的震撼。平时热情得体的言谈举止，对他人的一句赞美或一个微笑，都是我们有意识或无意识地在进行着感情投资。我们付出了真实的感情和友谊，必将收获无限的感情和友谊，也会获得更多的回报。

2.人情宜储蓄

你希望别人怎么对你，你就以怎样的方式对别人。你会在银行开个账户，把你平时闲散的资金储蓄起来，以备不时之需。你储蓄得越多，你的财富就越富足。同样的道理，也可以为你得感情开个账户，为了维系你们之间的关系，而存入真诚的关怀、亲切的问候。你的感情账户存得越多，你们之间的感情就越深厚，那么你得到的回报就越多。

办公室的友情点到为止

人们经常会讨论这样一个问题：办公室里有没有真正的友谊？大多数人会抱怨自己对同事真心付出，但最后却被看似好友的同事欺骗了。其实，在这里，我可以清楚地告诉那些天真的人们：办公室是公事空间，不是培养友情的场所，办公室友情需点到为止。因为友谊是在相互没有利益冲突的基础上建立的，如果有了利益关系会使原本的友谊变味。在职场中，往往无法避免利益冲突，当利益冲突发生的时候，有可能你们之间的友谊也没有了，说不定彼此还会成为仇人。办公室是利益的分配地，同事之间都是竞争关系，在这个充斥着利益与竞争的场所，是不可能有真正的友谊的。如果你与同事互相欣赏，那么在你们离开公司后不妨发展成朋友关系，否则，就算在办公室里发展成为了朋友，当有一天遇到了工作中的利益冲突，你们的友谊也会土崩瓦解。对此，告诫那些天真的人们：办公室的友情，只需点到为止。

露露和娜娜是在公司刚成立的时候一起招进来的，当时，办公室只有她们两个女孩，因此两人关系很要好，成为了无话不说的好朋友。两人一起上班，一起下班，一起吃饭，甚至最隐秘的事情彼此都一清二楚。露露曾一度认为她们两个的友谊打败了办公室不可交友的铁律，而且，她致力于一直发展这段友谊，使之成为佳话。

谁料，就在上周，露露从另外的同事那里知道娜娜居然一直在跟公司的一位男同事谈恋爱，看样子少说也有半年多了。但令露露感到很受伤的是娜娜竟然没有告诉自己。突然之间，露露开始怀疑她们之间的友谊了，在那一刻，她觉得娜娜好虚伪，同时，也觉得自己的友谊受到了欺骗。

其实，在露露与娜娜这对职场朋友中，或许完全是露露一厢情愿地钻进了友情的旋涡。她天真地将办公室里的互助与关怀当成了友谊，实际上，这也是一种潜在的竞争关系。同事之间有一些事情可以说，有些事情则不能说，这是一种自我保护的方式。“朋友”是一种很淳朴的关系，任何带有利益性的关系都不算朋友，所以，我们通常称呼工作上的伙伴为“同事”或“拍档”“伙伴”，基本上不会称呼“朋友”。职场上的关系本身就很复杂，没有必要将“朋友”这一关系也扯入其中，即使有那么一点交情，也要点到为止，千万不要投入太多，否则，吃亏的永远是自己。

大学毕业后，小李将在学校里最要好的朋友小王介绍到她工作的公司，她们俩被分配在销售部门，分管不同的区域。在这期间，她们的友谊还像大学的时候一样，经常通电话，彼此倾诉工作上的烦恼，在休息时会一起出去喝茶、吃饭，认识男孩子。

半年后，公司对她们的工作做了调整，要求她们调换销售区域。这样一来，她们成为了同事、客户比较的对象。公司开年会的时候，经常会听到同事们说：“虽说小王是小李介绍进来的，但论能力，小王还是略胜一筹”“是啊，许多客户都说，无论是做事，还是说话，小王更受欢迎呢”。小王每次听到这些比较都觉得不好意思，转过头看小李，发现她正脸色铁青地站在那里，小王也不知道该说什么了。

过了一段时间，小王觉得小李对自己有所戒备，诸如工作之类的事情从来不跟自己谈，经常不接电话，若是问她，她的口气也是极其冷漠。小王觉得很惋惜，没想到以前的好朋友变成了两个竞争对手，一段友谊就这么毁了。痛心之下，小王决定离开公司。

对于办公室这块是非之地，不仅不存在真正的友谊，即使职场外的朋友也不要将她们牵扯进来，否则，只会对你们的友谊有百害而无一利。有人用这样一句话诠释了复杂的职场关系："办公室可爱的人很多，可靠的人很少。"或许，在某些时候，身边的同事看上去每个都是可爱的，但是，在他们中几乎没有一个值得你信赖，毕竟，你们关系的引导者只是利益。

1.办公室友谊的另类定义

虽然，在职场里保持良好的人际关系是必须的，但是，办公室友谊是有定义的，这是一种与利益相关的友谊，而不是纯粹的朋友关系。如果你不擅长处理利益问题、工作问题，不要与同事发展"办公室友谊"。

2.交情绝不是友情

如果在工作的过程中，你真的觉得某位同事很不错，那也不过是"君子之交淡如水"的关系，那是交情，绝不是友情。办公室就是一个复杂的场所，作为一名职业人，应该干职业的事情，投入私人感情只会影响你自身的工作。

3.办公室友情需点到为止

办公室本来就是办公的地方，而不是发展私人感情的空间。众所周知，友谊是相互关心、志同道合的人之间的情感关系，在办公室里充满了利益关系，一旦利益有了冲突，职场友谊就会成为伤害你最深的利剑。所以，同事就是同事，别把办公室当成了社交场所。

第十一章

做事的方法：巧用资源，借力打力

每个人在做事方面都有自己的方法，但是并不是每个人的方法都能使自己顺利地实现目标，因为很多时候遇到的事情是有难度的，往往不是一个人的力量能够顺利解决的；而且一个人如果自己去面对那些问题，即使能够通过努力获得解决的办法，也会耗费大量的时间和精力，其实这里是有一条捷径的，那就是可以巧妙地运用自己的人脉，借力打力。

别不在乎朋友的帮助

朋友是一个人一生宝贵的财富，有时候这些财富不是金钱能够比拟的，因为真正的朋友是金钱买不来的。尤其是你处在困境的时候，在心情低落没有斗志的时候，朋友的安慰可以起到重要的作用，可以使你在迷途中看到光亮，哪怕只有一点点，也会给你带来极大的动力，从而使你一扫阴霾，鼓起勇气继续前行。有些人的个人能力很强，在他们看来，自己能够解决的事情就不要求别人，吃人的嘴短，拿人的手短，虽然是朋友，但是能不麻烦就不要去打扰。这样的想法并不是没有道理，但是从人际交往的角度来看是不可取的，俗话说礼尚往来，有来有往才能有交往，才能增进彼此间的感情，才能拓展一个人的人脉，巧借人脉使自己能够更快更好地做成一些事情。

1.不要孤傲

无论是现在还是过去，个人能力强大的名人是屡见不鲜的，这些人中有很多人性格孤傲，在他看来事情都是应该自己去解决的，而且从来没有什么能够阻挡他的前进，相信自己一定能够成功。从古代的帝王将相到平民百姓，从现在的领导到普通职员，这样的人从古至今层出不穷。

香港影视歌三栖明星谢霆锋是一个非常有个性的人，他的能力没得说，在自己第一个演唱会中便开天辟地地不设伴舞，不换背景，只由乐队和自己承担了三个小时左右的演出。在电影中，他能够做到戏如人生，那种投入使他的演技能够非常到位，令观众赞叹。谢霆锋如此个性十足而又充满挑战性，所以，他会因为情到深处而在演唱会上痛快地流泪，也会因为直爽的性格敢于在演唱会上带领歌迷齐声痛骂香港八卦媒体。可是，正是他的孤傲让他在成功的路上遇到了很多挫折，饱尝辛酸。

谢霆锋是一个有能力的人，而且个性十足，可是一个人如果只靠自己打拼，那么很可能会在努力的过程中感到非常辛苦。所以，不妨借助一下朋友的力量，不要不在乎朋友的帮助，尤其是在一些关键的时刻，朋友的帮助往往会产生四两拨千斤的效果的。

2.一视同仁的友谊

朋友有很多种，有的很有能力，而有的则很普通，那么当这些比较普通的朋友要提供帮助的时候，很多人第一反应是这个朋友不可能帮助到自己的，所以还是自己来吧。其实这样的想法是不正确的，因为还没有看到朋友提供的是什么样的帮助就先把对方否定了，这无疑是对朋友的漠视。这样做不仅会损害朋友的自尊心，而且会使你们的关系愈加疏远，所以要认真对待所有朋友的帮助。

什么时候都不要低估一颗冠军的心，要知道一个人即使再平凡也会有机会做出不平凡的事情，所以要重视你的每一位朋友。在朋友提供帮助的时候，要怀着一颗感恩的心去接受，这样朋友也会因为尽了一份力而感到高兴。你不仅减少了完成一些事情的阻力，而且加深了彼此间的感情，巩固了你的人脉。

3.正视朋友

要摆正心态，正确对待朋友的帮助。

快男苏醒的成名之路说平坦也平坦，说曲折也是充满了故事的，他回忆自己的成名之路时一直在强调自己遇到了很多贵人，他所说的贵人就是指那些帮助过他的朋友们。苏醒说：“一直以来取得的成绩与我自己努力有关系，但其实也有人在身边一直帮我，所以也算是不幸中的幸运吧，每次到关键时刻就会有贵人相助，我还是很感谢他们的。”

孤军奋战总是要耗费很多的精力和时间，如果有朋友伸出援助的手，自己也伸出手去接应，不要不在乎朋友的帮助，要懂朋友，正视朋友，让自己少走弯路。

重用实力比你强的人

一般情况下，人们遇到实力比自己强的人第一反应应该是危机感，尤其是同处在一个工作单位中，往往会把他当做自身的威胁，认为他会对自己的发展构成威胁，所以总是想办法去排挤，去竞争。这样的想法并不奇怪，也不要觉得羞耻，因为这是人在遇到这种情况时的一种自然反应，不过如果真的去排挤对方而导致工作团队不团结，那么就不好了，可以换一种方式令双方互相促进，那就是向其学习。如果你处在领导的位置上，你的下属能力比你强，那么你就要重用他。

1.贤才难得

作为一个领导，如果自己的手下有一个能干的人，那么无疑是自己的幸运。现在随着一些独生子女上岗工作，他们的吃苦耐劳精神显然要略低于他们的长辈们，在适应环境方面要稍差一些，所以即使有一些能力也会受到限制，因此想要找到一个得力的助手、一个有能力的下属并不是一件容易的事。另外，一个能力很强的下属能够使你的成绩逐渐地显现出来，被你的上司赏识。所以不要以为你的下属比你能力强就要取代你的位置，作为一个领导就要懂得领导的艺术，要让你的下属发挥他自身的才能。

2.嫉妒坏好事

嫉贤妒能是抑制和扼杀人才的一种腐朽、落后的畸形心理，尤其是在企业管理中，这样的思想无异于一颗毒瘤，慢慢腐蚀你的企业文化。作为一名管理者，要想把事业做大做强，就必须克服嫉贤妒能的心理，敢于任用比自己强的人。

建安五年春，袁绍准备率十万大军攻伐曹操。袁绍的谋臣田丰认为此举不足取，便对袁绍说："现在徐州已破，曹操军队锐气大增，不可轻敌，不如以久持之，待其有隙而后可动也。"袁绍发怒了："汝等弄文轻武，使我失大义！"田丰仍劝诫袁绍："若不听臣良言相劝，出师不利。”袁绍大怒，将田丰投入大狱，率兵出征。结果，官渡一战大败而归。田丰很了解袁绍的为人，他笑道说：“吾今死矣。”狱吏很吃惊：“人皆为君喜，君何言死也？”田丰说：“袁将军外宽内忌，不念忠诚。若胜而喜，犹能赦我；今战败则羞，吾不望生矣。”袁绍回来，果然以妖言惑众的罪名将田丰杀了。

从这例子中不难看出，袁绍心胸狭小在别人比自己强的时候，不愿意其发挥自己才能让别人知道自己不行。其实当今企业的管理者不愿意用比自己强的人的情况屡见不鲜，这些人会觉得这些强过自己的人难以驾驭，觉得会给自己的管理带来麻烦，会影响自身的威信。其实，这都是嫉妒贤能的心理在作怪。如果你是领导，那套自己之所以是领导就是因为自己能力比别人强的想法还是放一放吧，为了工作，为了团队，也为了自己，打消妒意，这样会使你学到更多东西，从而成为一名更加优秀的管理者。

3.眼光要长远

作为一名优秀的管理者要具有长远的眼光，不要只是盯着眼前的形势，处心积虑地去压制那些能力比你强的属下，要想办法让其为你效劳才是正道。

广告业的创始人奥格尔维在一次董事会时，事先在每位董事的桌前放了一个玩具娃娃。“这就代表你们自己，”他说，“请打开看看。”当董事们打开玩具娃娃时，惊奇地发现里面还有一个小一号的玩具娃娃；打开它，里面还有一个更小的，最后一个娃娃里放着奥格尔维写的字条：“如果你永远都只启用比你水平低的人，我们的公司将沦为侏儒公司。相反，如果你录用的人比你的水平还高，我们的公司将成长为巨人公司。”

作为管理者，要想到公司的前景，积极地思考怎么让比自己能力强的人为自己效忠，这样才能把企业做强做大。被誉为美国钢铁工业之王的安德鲁·卡内基说过：“你可以将我所有的工厂、设备、市场、资金全部夺去。但只要保留我的组织和人员，几年后，我仍将是钢铁大王。”

在人力资源越来越宝贵的今天，管理者要善于运用资源，这样才能够借力打力，在激烈的竞争中用较少的投入获得更多的效益，取得先机。

发现下属身上的闪光点

在坊间流传着这么一个说辞："领导怎么看下属，都像猪。"这虽然是个笑话，但是也在一定程度上体现了领导者的一种无奈，这是领导者在遇到下属不能够准确理解自己的想法，总是不能把事情办得和自己的想法一致的一种表现。可是这并不能说明下属就是一无是处，如果领导者不能注意到下属的优点，只能给工作带来阻碍。每个人都有自己的优点，所以作为一个领导者要善于发现下属身上的闪光点，从而使下属能够更好地发挥自己的作用，把工作做好。

1.下属的闪光点是需要挖掘的

每个人都有自己的优点，只是我们平时不注意，所以就不会发现那些闪光点，尤其是领导对下属的忽视，更加不会发现下属身上的那些优点。因此，一个领导要善于观察，平时对自己下属的举动多多关注，最好是对下属有适当的研究，这样，才能够发现他们身上的优点与不足，从而更加了解下属，找到重用下属的方式，使工作能够更加顺利地开展。

三国时期的诸葛亮是中国历史上著名的军事家，他之所以能够运筹帷幄，决胜千里之外，就是因为他手上有很多能力很强的大将，可是读过《三国演义》的人都知道，这些著名的将领里面有很多人是有着各种毛病的，特别是指挥起来让人头疼，但是诸葛亮之所以能够做到让他们心服口服，很大程度上是因为诸葛亮能够把握他们身上的优点，并且给他们机会发挥各自身上的优点，从而极大提升了蜀军的战斗力。

从诸葛亮的用兵之道中不难看出，没有完美的手下，只有高超的领导技艺。要想找到自己的千里马就要先具备识别千里马的能力。也许你会觉得千里马还用识别吗？可是事实就是如此，你的下属也许是一匹不折不扣的千里马，可是如果你没有识别的眼光，那么现实也只能告诉你你没有千里马。

2.给别人提供展现自己的机会

如果你和一个能力很强的人共处一个舞台，那么你会选择自己独舞还是与其共舞呢？现在，很多人与人交往时，往往会使出浑身解数来表现自己，生怕别人忽略了自己的存在。殊不知，这样做效果常常会适得其反。

作为一个领导，将自己能力展现给下属，获得大家认可，赢得人们的尊重，这当然是理所当然的，因为这样做能让别人看到你的能力，获得大家的认可，否则难以服众。这个想法是正确的，但是这样就很难将精力投入到发现下属闪光点的工作中去了，结果不但公司的工作不会有改进，而且使人才毁在了自己的手里。所以，这时候换一种思考方式，情况就大不一样了，那就是给能力强的人一个展现自我的舞台，让他们尽情展现自己的闪光点。

给能力强过自己的人一个展现自己优势的机会，不仅可以让其能力得到发挥，从而激励他更好地把工作做好，而且这对自己也是一个鞭策，使自己从中学到很多东西。不要觉得下属总是一无是处，要善于发现他们的闪光点，获得共赢。

3.说出真心话

很多时候，下属并不知道领导发现了他的优点，并给他一个展现的机会，这时候可以通过适当的途径去告知，从而使其能够感激和珍惜，更加出力。

也许生活中平庸的人很多，可是如果能够发现这些人的闪光点，每个人都会变得不平庸，所以不要忽视每一个人那颗充满色彩和希望的心，尤其是领导者，要善于发现下属的优点，从而更好地为他们提供发挥才能的岗位，使整个团队在自己的领导下获得长足的进步。

尊重身份地位比你高的人

每个人都有尊严，每个人都需要被重视，被尊重，如果一个人眼中只有自己，总是无视他人，总是瞧不起他人，那么久而久之，这个人就会被别人以同样的方式对待。不过有的人会说与我们一样的人才是值得尊重的，而那些身份地位比自己高的人只能是自己的竞争对手，是自己超越的对象，在这样想的同时不要忽视一件事情，那就是那些比自己强的对手正是自己需要尊重的人。所以，要尊重身份地位比你高，能力比你强的人，因为只有这样你才能够有办法去接触，去了解，去学习，从而拥有愈加发达的人脉。

1.身份地位高的背后

很多人位高权重，身份和地位都是常人很难比肩的，不过人们只是看到了表面现象，这些光彩夺人的表现下面有着不为人知的故事，而这些往往都是充满辛酸和艰难的，也正是这些不为人知的曲折经历造就了他们光彩照人的现在。

欧弟是湖南卫视的著名娱乐主持人，他主持节目的风格十分受观众欢迎。欧弟走穴的时候，他的粉丝总是非常疯狂地追逐，场面异常壮观。他是一颗闪耀的明星，一个有钱有地位的人，这是每一个正在努力奋斗的年轻人所向往和追求的。可是欧弟的成名并不是一帆风顺的，更不是一朝一夕的，而是经历了常人难以忍受的痛苦经历。其父曾经负债累累，为了这个家，为了帮父亲还债，欧弟毅然出来打拼并支撑起这个家，通过不懈的努力，他已经是一个可以独当一面的主持人了。

通过欧弟的例子不难看出，一个人光彩夺目的现在不是天上掉馅饼，而是需要经历不平凡的磨难，尤其是像欧弟这样没有好的基础，却通过不懈的坚持和努力获得现在的成功的人，是更加值得人们学习的。如果你依然对那些比自己身份地位高的人耿耿于怀，总觉得不公平或者自己命不好，那么就尝试着去接触一下那个你觉得不值得自己尊重的人吧，也许真正了解了这个人，知道了他背后的故事，你就会心服口服了。所以，身份地位比你高的人是有着他自身的资本的，是值得你尊重的。

2.摆正自己的心态

许多人在面对比自己身份高或者地位高的人的时候首先是一种酸葡萄心理，也就是觉得自己没有达到那个高度是因为自己没有机会，或者因为一些其他原因导致了自己不能够到达那个高度，如果自己想到那个高度，只要自己去做也是没有问题的。尤其在那个身份地位比自己高的人是曾经和自己身份地位一样的人时，这种酸葡萄心理会更“酸”。

小张和小李都是某机关的干事，平时做一样的工作，所以能够经常接触，也有很多共同的话题，可是过了几年，小李升迁了，小张心理极为不平衡。有人问小张佩不佩服小李，小张却一脸不在乎，说自己只是没有和他竞争，淡泊名利，否则自己早已经升迁了。无论是在公共场合还是私下里，别人一和小张谈起小李，小张就一副不在乎的样子，而且有时还会说小李升迁完全是上面有关系或者偷机取巧，从来没有正视过这个问题，结果几年又过去了，小张仍在原来的岗位上踏步，而小李则又升迁了。

从这个例子可以看出，一个人如果不对比自己身份地位高的人有一种尊重，那么他就不会去思考自己为什么会与别人有差距，也就找不到进步的动力和方式，导致自己原地踏步。不思进取是非常可怕的，一个人要有自知之明，那些曾经与自己比肩的人为什么会超越自己、今非昔比，是一个需要思考的问题，回答这个问题就需要以尊重比自己强的人为前提。

尊重身份地位比自己高的人，能够找到合适的方式与其交往，最好能够成为朋友，这样不仅能够让自己从中学到很多东西，而且能拓展人脉，会对自己有很大的帮助。

不要把自己当做全能的人

一个人的个人能力如果很强，那么他可以独自应付很多事情，但是这样的人不一定会成为一名领导者，这是因为他可能不会将自己手上的工作进行合理地分配，而是喜欢将事情拿过来自己做，别人只有看的份。这样做当然有好处，那就是任务的质量可以得到保障，可是如果需要在一个较短的期限内完成，那么一个人可能就会需要消耗很长的时间，不能保证在规定的期限内完成任务。而且自己独立去完成，不会和别人合作，团队就形同虚设。所以，在一定程度上，一个人不能把自己当成全能的人，要懂得借用别人的帮助，借助他人的力量，从而使任务能够高效完成。

1.力聚则强

历史上有很多人，因为自己能力强大，而傲视群雄，桀骜不驯，从来都是以一己之力力压八方，可是他们多数都是吃到了苦头。这是因为一个人再强，他的能力也是有限的，而每个人再弱，几个人到一起去做一件事情，力量也是强大的。

释迦牟尼在给弟子讲授时，突然停下来，看着远方问众弟子："怎么才能使一滴水不干涸？"面对这个突如其来的问题，众弟子个个面面相觑，不知道怎么回答。释迦牟尼略作思索，然后意味深长地说："把它放入大海里吧！"众弟子顿悟。

一滴水暴露在阳光下，很快就会被蒸发掉，那么当它被放到大海中，融入无数的水滴之中，就能够获得永生。一滴水仅凭借自己，无非是从空中坠落或者湿润一片地方，如果将它融入大海之后，融合其他水滴的力量，便能够掀起巨大的海浪。这就像一个人，想完成一件难度巨大的事情，仅凭自己的能力是有限的，然而一个团队的力量则是巨大的。所以不要以为自己是全能的，不需要任何人，要有团队意识，要在团队中和他人协作，这样才能使自己的能力合理分配，从而做成大事情。

2.要看到身边的人

一个人，尤其是身处团队的人，要能够看到自己身边的人，不能只是看到自己。很多人认为自己全能，于是就不在乎身边的人会做些什么，也不会去和别人交流，自我意识很强，可是时间长了，就会发现自己的能力一直处在一个非常“稳定”状态，没进步，反而有所退步。即使自己的能力很强，也要放下身段，摆正自己的心态，要学会主动去交往，要懂得如何去赢得别人的帮助。

建立良好的人际关系是赢得别人帮助的一个前提，所以要同别人建立良好人际关系，建立起一个丰富的人际关系世界，就必须做交往的始动者，处于主动地位。也许你并不善于去交往，但是你必须去尝试，这样才能发现自身与他人的不同点，才能够真正感受到自己并不是全能的。

3.要学会借力打力

作为一个有较强能力的人，要学会怎么将自身的优势发挥出来是很必要的，但更重要的是要知道怎么将自身的优势与他人的优势结合起来，这样才能发挥更大的力量。要学会借助别人的力量，这样不仅能够使你认识到自己的优势和劣势，而且能够获得更大的助推力，更重要的是你知道如何去与别人打交道，不但能够通过别人使自己向目标接近，而且能够拓展人脉，从而使你越来越强大。

随着社会的发展，社会分工也是越来越细，不同企业之间的联系越来越紧密，企业的内部也需要一种默契的合作。各种组织之间由各种不同的关系和利益联系在一起，员工之间的合作变得更加重要，尤其是领导者，不仅要站在高处高瞻远瞩，给人们指引方向，而且要学会与下属配合。所以，每个人都不要把自己当做全能的，要能够学会在一个团队里生存，要能够懂得借助人脉，学会借力打力。

不要忽视亲人的力量

一天，一个小男孩在他的玩具沙箱里玩耍，沙箱里有他的一些玩具，在松软的沙堆上修筑“公路”和“隧道”时，他在沙箱的中部发现一块巨大的岩石。

小家伙开始挖掘岩石周围的沙子，企图把它从泥沙中弄出去。他是个小男孩，而岩石却相当巨大。手脚并用，他似乎没有费太大的力气，岩石便被他连推带滚地弄到了沙箱的边缘。不过，这时他才发现，他无法把岩石向上滚动、翻过沙箱边墙。

小男孩手推、肩挤，一次又一次地向岩石发起冲击，可是，每当他刚刚觉得取得了一些进展的时候，岩石便滑脱了，重新掉进沙箱。小男孩急得哼哼直叫，使出吃奶的力气猛推。但是，他得到的唯一回报便是岩石再次滚落回来，砸伤了他的手指。

最后，他伤心地哭了起来。整个过程，男孩的父亲从起居室的窗户里看得一清二楚。父亲来到了沙箱跟前，温和而坚定地说：“儿子，你为什么不用上所有的力量呢？”垂头丧气的小男孩抽泣道：“但是我已经用尽全力了，爸爸，我已经尽力了！我用尽了我所有的力量！” “不对，儿子，”父亲亲切地纠正道，“你并没有用尽你所有的力量。你没有请求我的帮助。”父亲弯下腰，抱起岩石，将岩石搬出了沙箱。

1.每个人都有自己的短处

每个人都有长处和短处，在自己不能用长处去克服短处并发挥自身长处的时候，要知道如何去借助他人的力量，而不要总是顾于一些所谓的面子或者尊严，不想让别人知道自己哪方面不行。其实这样想是过于保守的，也许你请人帮助你，这会让对方知道你的短处，但是这并不妨碍你取得成绩，当你取得了成绩，别人也就不会觉得你的能力有多么让人怀疑了。所以，在平时要正视自身的短处，想办法去弥补，而不是遮掩、不让别人看见，这都是非常不当的做法。

其实短处也可以被看做一个人面临的困境，就像故事中的小孩子面临一块大石头搬不出去的困境一样，他一心一意地在做着，可是没有取得成功，这是因为他面临的困境已经不是他自己能够应付得了，所以这时选择让父亲来帮忙无疑才是解决问题的最佳方法。

2.重视亲人

亲人是你处在困境时最能够给你支持的人，而且这样的支持从来都不会掺杂复杂的情感，只是那种非常质朴和直接的关心和爱护。也许一个人在外面风吹雨打，经历了很多挫折，但是亲人在身边，你就拥有了一个静谧的港湾，就能够做到让自己的心平静下来，所以永远不要忽视你的亲人。

3.家的温暖

亲人在向你伸出援手时，会与没有血缘关系的朋友有所不同，那就是可以让你体会到家的温暖，这种温暖犹如母亲的怀抱，能够将你瞬间融化，能够使你体会到心中的那种静谧，在这一刻，时间仿佛停止，一切都是那么美好。

不要忘记时不时地关心一下你的家人、你的亲人，他们是你起飞的原动力，也是为你在外打拼提供最有力保障的“后勤集团”。亲人之间的关心是能够产生心灵上的共鸣的，因为这种关心让大家都能够体验到家的温暖和祥和。

人各有短长，你解决不了的问题，对你的朋友或亲人而言或许就是轻而易举的，记住，他们也是你的资源和力量。亲人的力量是不容忽视的，他们会在你最需要帮助的时候最无私和最投入地为你提供他们所能够提供的帮助。所以，在你身处困境的时候，不要忘记了你的亲人。

第十二章

做事的根本：善于谋划，用心做事

一个人一生会遇到各种各样的事，如果能够把所有的事情都做好，那么这个人想不成功都难，可是人非圣贤孰能无过，没有一个人能够把所有的事做得完美无缺，所以只有尽可能地把每一件事情做到自己能力所及的最好状态。不过，要想做好事，把事情做得完满，有一个前提，那就是得先有个计划，要用心谋划，用心做事。做事，不要盲目，尤其是拿不准的事情，不要不假思索地去做。总之，做人要正直，做事要灵活，用心付出就一定会有收获。

做人正直，做事灵活

做事对于任何人来说都是一种生存方式，因为无论是身份地位高的人还是比较普通的人都需要做事，为了各种各样的目标，做着大大小小的事。人们做事的方式分为很多种，有的人喜欢凭感觉，有的人喜欢规划，还有的人喜欢指挥别人去做。不管怎么做，最后都会有一个结果，这个结果或好或坏。坏的结果都不是人们想看到的，所以如何把事情做好是人们一直在追求的目标。然而，把事情做好，并不是一件容易的事情。俗话说“要做事先做人”，也就是说做事前要学会做人。

1.做好人方能做好事

一个人不会做人，那么他在做事的时候会有很多磕磕绊绊，总是不会被人认可。所以要想做好事，先要做好人。做人最重要的一点就是品德端正，做人要正直。

周建是一家企业的职员，他平时工作非常努力，但是有一点让人难以忍受的就是他经常会把别人的劳动成果据为己有，也就是在上司面前抢功。另外，他总是在上司的面前吹耳边风，同事间稍有风吹草动，上司都能够掌握得一清二楚，这虽然让上司对他有了信任，然而很多同事却被开除了。果然不久周建得到了晋升，然而他的升迁完全是靠踩着自己同事的肩膀。同事们都非常气愤，都抵制周建，周建之后的工作不但难以开展，而且在出现一次重大失误后，同事以牙还牙报复式的举报，使上司抓住了周建的把柄，最后被开除。

周建最终为自己的行为埋了单，如果他之前没有做得那么绝，那么他也不会遭到报复，即使因为一些问题被降职或者开除了，他也不会沦落到没有人同情或者关心的地步，所以要懂得如何做人，才能真正做好自己的事情。

很多人喜欢要阴谋，诡计多端，也许牺牲了别人的利益使自己获得了财富和荣誉，但是这样的人总有一天会遭到惩罚。所以，一个人要端正自身的态度，要有良好的道德品行，这样才能够使自己获得人们的认可，才能真正在做事的过程中获益良多。

2.条条大道通罗马

俗话说“条条大道通罗马”，做事的方法很多，一种方法不行，可以尝试另一种方法，所以做事要懂得灵活，这样才能在各种情况下找到解决问题的办法，做到真正的“条条大道通罗马”。

电视剧《铁齿铜牙纪晓岚》是一部广受大家欢迎的电视剧，片中主角纪晓岚在皇帝面前随机应变，躲过一场一场的灾难。剧中有这样一个场景：有一天，纪晓岚等大臣在朝房等候乾隆来议事，久等不来，他就对同僚说：“老头子怎么迟迟不到？”这话正好被走来的乾隆听到，便厉声问：“什么老头子，”在众人吓得战栗之际，纪晓岚却从容不迫地回答：“万寿无疆之为老，顶天立地之为头，父天母地之为子。”乾隆听后转怒为喜，一场灾难被博学多才的纪晓岚轻松化解。

纪晓岚做事的灵活是非常值得人们借鉴的，平时人们在遇到阻碍的时候总是会犯愁，这是一种非常正常的现象，但是这时要做的事情是要积极思考如何找到一种方法使自己能够顺利完成任务。

3.有准备，才能更灵活

不打无准备之仗，因为这样往往会遇到失败，所以一个人做事要有准备。做好准备还有一个好处，那就是能够帮助你更加灵活和沉着地应对变化。

张岭是个学广告设计的小伙子，每次老板让他设计广告的时候，他都会同时拿出三个方案，当同事问他为什么这么做的时候，他说设计出三种方案，第一是让老板有挑选的余地，有比较才能有甄别，老板总会从中挑出喜欢的一张；第二也展示了自己的才华，同时说明了自己对工作的认真。假如只做出一个方案，老板又不喜欢，就等于白费力气，自己的工作能力也会被老板怀疑。

从这例子中不难看出，一个人要学会灵活不是件难事，难就难在勤于灵活，所以不要偷懒，要勤劳，熟能生巧从这个角度也能够讲通。孔子曾说："君子之于天下也，无适也，无莫也，义之与比。"意思是说君子对于天下的万事万物，并没有规定怎么样处理好，也没有规定怎么样处理不好，必须根据实际情况，只要合理恰当就好。所以灵活做事无疑是成功的不二法门。

用心付出一定会有所收获

每个人要想获得成绩，不努力去做是不可能的。不经历风雨怎么见彩虹，这是多少人亲身亲历后的一种感悟，最后浓缩为一条真理。然而，在每个人的心中都会有种不自觉的想法，那就是如何才能不用付出很多就能有让自己满意的收获。当然这种想法并不是可耻的，因为一些劳累让人们的心深感疲惫，所以这种想法是可以理解的，但是这样的机会是凤毛麟角的，即使有，也是拥有了并不平凡的经历后才能够获得的，所以脚踏实地地去付出、去努力才是我们真正应该做的。

1.勇于付出

用心付出，可以换来回报，不同的人有不同的付出方式，有的人会考虑如何使自己在尽量少的付出下获得尽可能多的回报；有些人则是选择一种尽可能多的付出，从而有较多的回报；还有些人则不舍得投入，怕投入后收不回来。那么纵观有较为丰厚回报的人，他们的特点大多是能够做到舍得下本，舍得投入。

春秋战国时期齐国的孟尝君，养了三千门客，钟鸣鼎食，开支巨大，这个成本是非常高的；他还听从门客冯谖的建议，免除了薛地百姓的所有债务，这个经济上的损失也是巨大的。然而，正是由于他舍得付出，所以才会在危难之际有"鸡鸣狗盗"之辈给他排忧解难，才会得以从秦王的虎口脱险，才会在不容于齐王、众叛亲离的时候受到薛地老百姓的夹道欢迎。

夷门侯嬴和屠夫朱亥，之所以愿意在关键时候以一死而报效当时与齐国孟尝君、赵国平原君、楚国春申君齐名“战国四公子”之一的魏国信陵君，只是为了报答信陵君礼贤下士躬身以礼的行为。

试想如果孟尝君当初舍不得那些“开支”，门客们也许就不会那么出力了，在他遇到困难时就可能无人出力帮他了。他还大方地减免了百姓的债务，没有因为债务数额巨大而收回这些决定，这也就为他之后几次摆脱生命危险做好了铺垫，能够挽回性命无疑是最为丰厚的回报。

2.付出是回报的前提

付出是回报的前提，获得“收获之花”必然要播撒“付出之种”。

一代枭雄吕不韦，为了实现自己的政治梦想，不惜倾家荡产，甚至把自己的爱妾、美艳不可方物的赵姬送给了在赵国做人质的秦国公子异人。正是由于他的付出，后来才能成为秦国的相国、秦王嬴政的“仲父”，修订《吕氏春秋》，一字千金，名垂千古。吕不韦后来所得到的，岂止比当初付出的多千倍万倍。

如果吕不韦没有那些投入，想必后来的收获都会成为浮云。这个世界上就是有那么一些人，他们整天想得到期待已久的东西，然而就是得不到，因为他们从来都不想先付出什么。要脚踏实地付出，不要异想天开。

3.摆正心态

在付出和收获两者之间，好的心态是非常重要的。一些人只想着收获，往往会忽略了付出，结果就是没有收获。他们总是非常自私地想得到，而舍不得先“吃亏”，他们不懂得“吃亏是福”的道理，这种心态往往注定了他们的失败。而一些人把收获看得过重，结果在付出的过程中伤害了人们的感情，这是不利于长远发展的。要摆正自己的心态，把结果看得淡一些，要能够做到享受过程，这样取得的效果往往能够给自己带来惊喜。

孟子曾经对齐宣王说过：“君王如果把大臣看做手足，大臣就会把君王看做心腹；君王如果把大臣看做犬马，大臣就会把君王看做常人；君王如果把大臣看做是草芥，那大臣就会把君王看做仇敌。”所以说，如果你要想获得回报，就必须先付出。你不想别人施加给你的，你也就不要施加给别人。

一个人想要有收获，那么最重要的一点就是付出，只有付出才能换回收获。天上掉馅饼，那是坐享其成，在竞争如此激烈的当代社会，如何能够容一个坐享其成的人存在？所以，不要懒惰，不要妄想，脚踏实地，努力付出才是真正的王道。

选择自己拿手的事情做

一个人做事是非常讲究技巧的，一方面，是讲究事前的计划性，让自己能够有所准备，在关键时刻能够临危不乱。另一方面，要能够有选择性，一些自己不擅长的并且并不是非常重要的，那就放弃掉，因为你去逞强，很可能会遭遇失败，自信心遭到打击，不利于今后工作的开展。如果自己心中有一定的把握，并且能够勇于去迎接这个挑战，那么另当别论。所以，一个人最好要选择自己感兴趣和拿手的事情去做，这样既能够有把握做好，又能够使自己在别人面前展示才华，一箭双雕，何乐而不为。

1.认识自己是前提

一个人要想选择自己拿手的事情做，那么一个大的前提就是了解自己，知道自己对什么样的事情最拿手。在做事之前，要理性地去分析，而不要因为感性的冲动去逞强，因为这样往往会遭遇失败。

林强是一名大一的学生，刚经历了高考的他，能够考上自己理想的大学是一件很幸福的事情，加上摆脱了高中高强度的学习，林强有些像出笼的小鸟尽情撒欢。在大学中，各种各样的社团活动应接不暇，结果林强急于表现自己，于是没有经过选择就报名了类似“校园形象大使比赛”“主持人大赛”之类的活动，然而本身喜欢打电脑游戏的他并不擅长舞台表演，结果在表演的过程中由于极度紧张，结果出了丑，自信遭到了严重打击，直到大三他才找回了自信。

林强的例子告诉我们不要急于表现自己，只要自己有能力，那么早晚有机会去展现给别人。林强不结合自身特点的选择让自己吃了亏，好在他还没有步入社会，能够有机会在校园中学会理智。

2.结合兴趣点

自己拿手的一般都是自己比较感兴趣的，那么在自己并不清楚能否够胜任的时候，可以看一看自己是不是感兴趣，如果对于一件事情自身有较为浓厚的兴趣，那么即使并不擅长，也会集中精力去做，也许最终并不会取得预期的效果，但是起码不至于让自己出丑，甚至会博得众人的喝彩。

西班牙网球天王纳达尔，在一次慈善足球比赛中表现积极，博得了在场所有人的喝彩，从他场上的表现来看，他的技术很一般，但是他却能够非常认真执着地去踢，这全是因为纳达尔从小就对足球感兴趣，慈善活动主办方一提出举办足球活动，纳达尔很欣然地接受了邀请。

纳达尔没有盲目地接受邀请，这是因为他对自己的兴趣非常了解，知道自己能做什么，这也是他能够获得成功的一个重要原因。

3.讲究技巧

在选择所做的事情时要讲究技巧，这是因为每个人的特点不一样，每个人擅长的事情也会千差万别。有些人性格较为外向，比较热情和豪爽；有些人则比较内向，不会主动和人交往。虽然人们的特点千差万别，但是地位都是一样的，没有优劣好坏之分。人们的特点，有的是天生就有的，有的则是后天培养形成的。在分析自身特点的过程中可以适当地关注自己的特长，看看自己在什么地方有突出的表现，可以让我们在职业成长中更加容易发挥出自己的优势和特点，从而能够在成就自己人生的事业时获得更多。

2008年4月9日在上海交通大学陈瑞球楼学术报告厅，李彦宏说道："每个人内心里都有创业的冲动，都想自己做一番事业。在年轻的同学心目当中，创业是一个很神圣的东西，是一件非常令人向往的事情。但是我要讲的是，当你决定要去创业的时候，要有很好的心理准备，创业并不是一件很容易的事情，不会是一帆风顺的。"

每个人追求的人生不一样，但是，大家都是一步一步去实现自己的理想。

的确有很多不可能把我们引向失败，但是有梦的人生才是最为有意义的人生。也许未来太难以把握，但是我们只要把握住现在的每一刻，我们离成功就会越来越近，把梦想变为现实的概率就会越来越大，其中很关键的一点就是选择自己拿手的事情做，然后坚持不懈。

得理不饶人会失去人心

在我们的生活当中，有这样一些人，平时总是他有理，而且必须是他有理，别人有一点非议，他就会不停地去争辩，直到对方承认自己错了为止。可是这样的人往往也会碰钉子，他们会在一些理屈词穷的时候出丑，但是他们不会就此罢休，他们会记住这个让自己出丑的人，打着“君子报仇十年不晚”的旗号，在未来的某天自己有理的时候，让那个曾让自己出丑的人一败涂地。这样的人是很可怕的，他们的胸襟不够宽广，而且会记仇，殊不知得理不饶人的人最不得人心。

1.有理也要让三分

得理不饶人，当然是憋屈的时间长了，一种自然而然的发泄，但是如果能够在这样的时候得理饶人，那么这个人的形象是不是立刻变得高大了很多呢？以德报怨是一种非常高深的境界，在这个浮夸的社会中，人们被浮躁的心态充斥着，又有几人能够做到以德报怨呢？

一位高僧受邀参加素宴。席间，他发现在满桌精致的素食中有一盘菜里竟然有一块猪肉，高僧的随从徒弟故意用筷子把肉翻出来，打算让主人看到。没想到高僧却立刻用自己的筷子把肉掩盖起来。一会儿，徒弟又把猪肉翻出来，高僧再度把肉遮盖起来，并在徒弟的耳畔轻声说：“如果你再把肉翻出来，我就把它吃掉！”徒弟听后再也不敢把肉翻出来。宴后，高僧师徒辞别主人。归途中，徒弟不解地问：“师傅，厨子明明知道我们不吃荤的，他为什么还把猪肉放到素菜中？徒弟只是想让主人知道，处罚处罚他。”高僧说：“每个人都会犯错误，无论是有心还是无心。如果让主人看到了菜中的猪肉，盛怒之下，他很有可能当众处罚厨师，甚至会把厨师辞退，这都不是我愿意看见的，所以我宁愿把肉吃下去。”

给得罪自己的人留一点余地，给对方一个台阶，是一种非常高明的行为，得理饶人为人为己，给自己也留一条后路。

2.胸襟宽广赢尊重

得理不饶人除了是因为自己被无辜中伤，还因为自己的胸襟不够广阔。人们之所以愿意和那些豪放洒脱的人交往，是因为可以不用有那么多的担忧，宽宏大量能够使自己更具魅力，斤斤计较的人总是会被人们唾弃和排斥。所以在得理时，不要只是想着自己能够发泄，也想一下对方的感受，如果能够做到通情达理，善解人意，那么对方会被你的行为打动，从而会自我反省，这样获得的效果岂不是更好？

3.凡事有度，适可而止

不依不饶的人总是会招致人们的厌烦，因为得理不饶人的人往往会给人一种度量太小、不讲道理的坏形象，情节严重者还有可能引发公愤，即使自己再有理，也会变得无理取闹。所以为了避免让自己成为孤家寡人，还是打开自己的心扉吧，用宽容的美德、豁达的心胸去感化他人，这样的效果会好很多。因此，我们在和他人交往时，要学会去宽容和理解，把握好尺度，以优雅的交际风度跟他人和谐相处，获得好人缘。这也是能够提高办事成功概率的良方，更是会办事的表现。

周密的计划加大成功的砝码

周建华是刚刚毕业的一名硕士研究生，通过介绍，他来到了一所高中做语文老师。周建华一个最大的特点就是很随性，他平时喜欢写诗，尤其是在酒醉之后，能够出口成章。虽然周建华是一名才子，但是他在教学方面似乎并不擅长。最明显的表现就是他平时上课没有规划性，想起什么就讲什么，也许是把大学课堂的那种较为轻松的讲课方式沿袭了下来，可是这种讲课的方式并不适合高中教学。半个学期下来，周建华讲课总是没有条理性，今天讲的和第二次课所讲的没有大的关联，自己也没有系统地为学生们总结知识，学生们也不知道该怎么把这些知识梳理，使其形成一个知识体系，只知道老师每天都在讲自己很感兴趣的东西，结果学生们的成绩都不是很理想。

从周建华的讲课方式来看，他缺少了一些必要的计划性，也许他讲课的方式和内容非常新颖，能够博得学生们的喜欢，可是他就像没有备课一样，想起什么讲什么，这对还没有形成一个较为完善的知识体系的高中生来说，是没有大的帮助的，所以最后的成绩不够理想也是情理之中的。

1.人生就像教学需要规划

人生中的事，就像教学一样，同样是需要进行一定的规划和安排的。每个学期要教授几节课，课时安排和教授内容是否能够完美契合，每节课要讲的内容之间的关联是否紧密等，都是一个教师应该提前规划好的。那么作为一个普通人，同样需要做到像教学一样规划自己的人生。没有人计划失败，却有太多的人因为没有计划而失败。运气可能给你插上翅膀，但飞向哪里还是要靠你的计划。

2.计划使自己更有预见性

有的人为什么能够在一些关键的时候预测未来可能发生的事情，很大程度上是因为他在为自己的每一步做着周密的计划，在计划设计的过程中，他有意或者无意地发现了一些问题，这就使他能够在事情真的到来之前具有预见性。其实，每个人都可以在计划的过程中进行推理，这个过程可以在一定程度上预测事情发展的趋势，使自己更有预见性，从而可以起到防患于未然的效果。

3.有备无患方能从容镇定

做事从容镇定是一种非常好的状态，因为只有临危不乱，才能够集中精力，更好地思考，寻找解决问题的方法。然而，如果没有良好的心理素质，在一些突如其来的事情面前，很少有人能够做到镇定自若，所以一个好的挽救方法就是有所准备，只有有所准备，才能够在紧急情况面前做到心中有数，也就不会手忙脚乱了，这里就更体现出了事前做好计划的重要性。

4.认真计划，不要大意

很多人总是以为自己能够在关键时刻逢凶化吉，这比没计划更可怕，这些人会陷在盲目的沼泽中不能自拔。没有计划的人，做事很难有条理，那么取得成绩就更是难上加难。一个在商界颇有名气的生意人把“做事没有条理”列为许多公司失败的一个重要原因。做事有计划，这不仅是一种良好习惯的体现，更是一种做事认真负责的态度，这种态度非常重要，关乎是否能够取得成功。

做事得心应手，当然是每个人都想拥有的状态，可是想得心应手并不是想来就来的，而是需要自己有一个胸有成竹的状态，这个状态是和做事情之前的计划分不开的。所以，在做事的时候，要培养自己良好的习惯，不要为自己的懒惰和失误找借口，做事要有目的性，然后根据你的目的去计划，只有这样才能一步一步地将事情做好，做扎实，最终获得成功。

与帮助过自己的人分享成功的果实

每个人都会努力去取得成功，那么在取得成功的那一刻，你想到了谁？无疑是那些给过你帮助和支持的人。一个人在取得成功的时候，千万不要忘记那些曾经帮助过你的人，如果你能够在第一时间想到他们，那么你将会在今后获得更多的荣誉和财富，因为你积累了人脉，而且是那些最有效用的人脉。所以，在任何时候，在自己的任何阶段都要记住，自己的成功要与那些帮助过自己的人一同分享。

1.不要吃独食

在获得成功后，不同的人会有不同的反应，有的人会兴高采烈地告知自己的家人，和他们分享喜悦；有的人会告知自己的朋友，特别是那些帮助过自己的人；还有一些人会选择沉默，他们从来只会把成功归结于自己的辛劳，而将那些向自己伸出过援手的人抛在脑后，这是一个很不好的行为。

大明朝有个王守仁，号阳明子。一次他在带着剿匪的队伍在行军途中，遇到南昌的宁王朱宸濠起兵造反。他一面上报朝廷，一面号召各地勤王，另外，立即下令召集各方人士加入平叛队伍。一两个月的时间，就把宁王的叛乱给平息了。接下来，他的作为就让人目瞪口呆了：被俘虏的反王朱宸濠被放了出来，再由大明正德皇帝和亲信太监张永派人给抓了回来，最后的结果是功劳属于皇上。

有功就有赏，有过就有罚。那么在这场剿匪的过程中，王守仁无疑是立了大功一件，等着皇上封赏不就得了吗，为什么最后又导演了一出“捉放戏”呢？是王守仁傻吗？显然不是。没有得到朝廷允许，就抓了大明宁王朱宸濠是大罪一件，所以把功劳让出去，自己的命就保住了，另外，皇上也会更加重用他。功劳是要与人分享的，不能吃独食。同样的道理，在企业中也同样适用，切记不要和自己的领导抢功劳，否则会很惨。还有就是有了功劳不要吃独食，要记得感谢领导，这样才能让自己在有功劳之后获得真正的“和谐荣誉”。

2.要分享经验

在自己取得成功之后，要和帮助过自己的人分享喜悦，同时不要忘记分享你的经验。自己成功后帮助别人获得成功，这绝对是一件高尚的事。然而这样的事情说起来简单，做起来又有几人能够心甘情愿？所以，要在平时就让自己明白，自己的成功没有别人的帮助是很难的，因此要知恩图报，分享自己的成功经验帮助他人成功，是理所当然的。

3.滴水之恩要牢记

记住他人的滴水之恩也是一种境界。

经济学家孙冶方和舞蹈家资华筠都是第五届全国政协委员，常在一起开会。一天，孙冶方得知资华筠是著名学者陈翰笙的学生，便主动告诉她：“你的老师是我的引路人。我是在他的影响下，参加革命并且对经济问题发生兴趣的，所以我很感谢他。”后来，资华筠把这件事告诉了陈翰笙，陈老却说：“不记得了，孙冶方选择的道路和成就，是他自己努力的结果，我没什么功劳。”

孙冶方对为自己引路过的人的恩情牢记在心，而陈翰笙则不记得自己做过的好事，这两个人的境界都是不同寻常的，都是值得我们每一个人去学习的。

4.分享成功，促进关系

很多时候，成功之后与帮助过自己的人分享快乐，不但能够让对方感到你有一颗感恩的心，而且能够促进彼此间的往来，使关系更加密切，这对一个人的人际交往是非常有利的。

小郑的丈夫是一个科研工作者，每年在家的时间很少，但她为了丈夫的事业和梦想从没埋怨过他。这天，小郑正在家休息，丈夫打来电话，她很惊喜，问丈夫为什么今天想起自己来了，当然其中有撒娇的成分，丈夫说："老婆啊，你知道吗？我们的项目成功了，这个项目一共做了5年，今天终于成功了，我知道这里面也有你的功劳，所以给你打电话，分享我们的喜悦。"此时小郑听到电话那头如雷的掌声，感动得哭了，替自己的老公感到骄傲和自豪。

丈夫成功了，没有忘记小郑，和自己的妻子共同分享喜悦，两个人的感情无疑更加深厚了。

成功是每个人都会获得的，只不过每个人对成功的定义不同，但不管如何，都不要忘记了那个帮助过你的人，要记得与那个人分享你成功的喜悦。

拿不定主意的事情可以先保持中立

人们在做事的时候，通常会遇到一种情况，那就是不知道该怎么做，拿不定主意了。这样的时候并不少见，面对这样的情况，每个人会做出不同的选择。有的人选择直截了当，凭着自己的感觉，喜欢什么就做出什么样的决定；有的人则很犹豫，不知道该怎么办，怕一旦失误前功尽弃，于是就选择退缩或者放弃；还有的人选择暂时停止，在原地停留持观望态度，保持中立。从这三种情况来看，比较可取的是第三种。这是因为，如果突然冒进也许会遭遇重大失败，而放弃，恐怕就会错失机会，所以先观望无疑是最好的选择。

1.不要轻易下结论

很多人喜欢在事情发生的时候，没弄清情况就下结论，尤其是对一些拿不定主意的事，结果造成了损失。特别是那些比较敏感的社会或者政治性的问题，如果轻易下判断，往往会出现错误，这样的错误一旦出现都是很难挽回的，甚至会造成大规模的恐慌，最后会有更多的人因此而受到伤害。因此作为一个领导者，应该在重要的问题上三思而后行，不要轻易下结论。

2.要果断，不要武断

果断和武断是两个不同意义的词，我们提倡的是果断，而不是后者。因为后者没有经过细心的思考，没有做相关的工作，妄下结论。

刘强平时做事很认真，可是有一个毛病就是对所有的事都喜欢轻易下结论，而且很喜欢自己做决定。一天，刘强被老板实实在在地骂了一顿，原因就是他没有对工作计划做评估，也没有请示上司，自己觉得这个计划很有特色，没有问题，就签字通过了。结果，这个工作计划虽然很有特色，但是不符合部门的实际情况，无法实行，同事们的心血就这样付诸东流了。

刘强只是着重自己心里的计划，而忘记了听取他人的意见，过于武断。所以，在需要做决断的时候，要想一想是不是要和别人交流一下，这样才能够使自己的方案比较稳妥。那么拿不定主意，就要保持中立，切忌武断行事。

3.要灵活把握

很多人在一些事情上总是认为必须要拿出个方案，这样的想法是没有错的，但是如果真的拿不定主意，却还要硬采取一些措施，那么就不太好了。这时候要灵活一些，多观察，先保持一种中立的态度，不要激进也不要保守，没准下一刻就是解决问题的最佳时机。

拿不定主意，就不要拿，找一个合适的理由，保持中立，坐观其变，这不是消极怠工，而是为了避免大的损失，所以，时刻保持头脑的冷静和灵活是很必要的。

第十三章

做事的心态：积极主动，处世坦然

任何一个人都渴望成功，但没有人能随随便便成功，因为通往成功的道路从来就不会是一条风和日丽的坦途，人生必须渡过逆流才能走向更高的层次，最重要的是永远要有积极的做事心态。那些成功的人在面对困难的时候，总是能够心底坦然，不会屈服于挫折，而是勇于做一个承受痛苦、奋斗不息的人，以百折不挠的精神，继续奋力前行。

事情没有大小之分

可以说，生活中任何人都有自己的梦想，而且梦想多半都是伟大的。而梦想与现实间总是有一定的差距，人们似乎总是在从事着与自己梦想并不相干甚至相背离的事业，于是，有些人对手头工作似乎总是嗤之以鼻，认为这是“小事”。而事实上，任何事情并没有大小之分，只看你对它的态度。

有人说，人生如梦，在须臾之间就已老去。即使你现在还年轻，唯有脚踏实地做好眼前事，为成功奋斗，从现在起，树立奋斗的信念并付诸实施，才不至于老之将至时悔之晚矣。因为幸福、成功等，都不会从天上掉下来，这是自古不变的道理。而任何一个人，即使再天资聪颖，不付出努力，也不能有所作为。才以学为本，学而为智者；不学而为愚者。想练就非凡的技艺，就必须从现在起端正你的态度，就要多训练、多吃苦、多研究。追求卓越，不能完全松懈。日日行，不怕千万里；常常做，不怕千万事。

东汉时有一少年名叫陈蕃，自命不凡，一心只想干大事业。一天，他父亲的朋友薛勤来访，见他独居的院内脏乱不堪，便对他说：“孺子何不洒扫以待宾客？”他答道：“大丈夫处世，当扫天下，安事一屋？”薛勤意识到陈蕃志向远大但态度不对，于是当即教育他说：“一屋不扫，何以扫天下？”陈蕃无言以对。

这里，陈蕃有梦想吗？有！但是他的梦想太空大。陈蕃志向远大固然不错，但是他没有意识到，“扫天下”必须从“扫一屋”开始。百川归海成就海的浩瀚壮观，小事累积成就人生的不凡与丰富。

现实生活中，不乏陈蕃这样的人，他们空有一腔抱负，却不践行，要知道，从古至今，任何一个能做到99%勤奋的人都能最终取得成功。

列文虎克1632年生于荷兰的代尔夫特，他的父亲是制造篮子的手工艺人，母亲来自酿酒艺人家庭。6岁时列文虎克的父亲就去世了。小时候列文虎克还是接受了一点基础教育，16岁时他就挑起了养家糊口的重担，到首都阿姆斯特丹的一家布店当学徒。六年的学徒生活结束后，列文虎克回到家乡，凭自己的手艺开了一家布店。不过他的生意可能并不成功，因为他很快就转行，担任代尔夫特市政厅的看门人。

看门人是不受人重视的社会群体，他们每天开门、关门，来客登记，有时兼任打扫卫生的工作，在每天的大部分时光中，他们只是坐在接待室里的椅子上，看着进进出出的人们。

由于看门工作比较轻松，时间充裕，列文虎克经常可以接触各行各业的人。在一个偶然的机会里，他从一位朋友那里得知，在首都阿姆斯特丹有许多眼镜店，除磨制镜片外，也磨制放大镜。朋友告诉列文虎克，放大镜是一种很奇妙的新玩意，可以将很微小的东西放大，使观察者可以清清楚楚地观看。

于是，在接下来的时间里，他用打磨镜片来打发闲暇时间，而这一磨，就是六十年，而正因为他的专注和细致，他的技术居然超过了专业人员的技术。更不可思议的是，他居然通过打磨镜片发现了当时科学界尚未发现的世界——微生物世界。从此，他名声大振。

1723年，91岁的列文虎克在弥留之际，将自己制作的部分显微镜、放大镜，以及精良仪器的制作秘诀，赠送给了英国皇家学会。一个普通的看门人，用自己持久的好奇心、执着勤奋的精神和微薄的收入，开辟出一片崭新的科学研究天地，他的故事永远值得后辈人牢记在心，仔细寻味。

一个人不可能随随便便成功，列文虎克的成功再次向我们证明，细节决定成败，事情不分大小，只要努力都能成就一番事业。一个人如果能从小养成追求完美的习惯，那么，他的一生将会过得满足愉快，无牵无绊。

因此，从现在起，再也不要当那个“差不多”先生、“差不多”小姐了，一个人，即使他的理想再瑰丽，如果不付诸行动，那么，理想也只能是美丽的肥皂泡、空中楼阁。一屋不扫，何以扫天下！千里之行，始于足下！行动起来吧！踏踏实实地做好每天的每一件你应该做的小事，自理，自立，坚强，勇敢，勤奋，执着，追求……

积极主动，事情就成功了一半

人生在世，谁都不甘于平庸，谁都希望成功，但我们又不得不面对这样一个事实：在这个世界上，成功卓越者少，失败平庸者多。成功者自信、潇洒，而失败者空虚、自卑。如果你仔细观察、比较，你会发现，造成这一差异的原因在于他们的心态不同。成功者始终用积极的思考、乐观的精神和丰富的经验支配和控制自己的人生，他们用积极的意念鼓励自己，于是便能想尽办法，不断前进，直至成功。而失败人士则习惯于用消极的心态去面对人生，他们受到过去的种种失败与疑虑的引导和支配，他们空虚、猥琐、悲观失望、消极颓废，最终走向了失败。

因此，成功学的始祖拿破仑·希尔说，一个人能否成功，关键在于他的心态。一个人如果心态积极，乐观地面对人生，乐观地接受挑战和应付麻烦事，那他就成功了一半。

在推销员中，广泛流传着一个这样的故事：两个欧洲人到非洲去推销皮鞋，由于炎热，非洲人向来都是打赤脚。第一个推销员看到非洲人都打赤脚，立刻失望起来："这些人都打赤脚，怎么会要我的鞋呢？"于是放弃努力，失败沮丧而回；另一个推销员看到非洲人都打赤脚，惊喜万分："这些人都没有皮鞋穿，这皮鞋市场大得很呢。"于是想方设法，引导非洲人购买皮鞋，最后发大财而回。

这就是心态不同导致结果的天壤之别。同样是非洲市场，同样面对打赤脚的非洲人，由于心态不同，一个人灰心失望，不战而败；而另一个人满怀信心，大获全胜。

生活中，失败平庸者居多，成功者居少，这主要就是心态的差距。失败者遇到问题，总是选择逃避、倒退，内心的声音告诉他们："我不行了，我还是退缩吧。"结果陷入失败的深渊。而成功者遇到困难，仍然保持积极的心态，用"我要！我能！""一定有办法"鼓励自己。

那些安于现状的人们可能会说，他们现在的境况是别人造成的，环境决定了他们的人生位置。这些人常说他们的想法无法改变。但是，我们的境况不是周围环境造成的。说到底，如何看待人生，由我们自己决定。纳粹德国某集中营的一位幸存者维克托·弗兰克尔说过："在任何特定的环境中，人们还有一种最后的自由，就是选择自己的态度。"

可能很多人会产生疑问，如何才能具备积极的心态呢？其实，这完全在于我们自身的选择，拿破仑·希尔曾讲过这样一个故事，对我们每个人都极有启发。

塞尔玛陪伴丈夫驻扎在一个沙漠的陆军基地里。丈夫奉命到沙漠里去演习，她一个人留在陆军的小铁皮房子里，天气热得受不了——在仙人掌的阴影下也有华氏125度。她没有人可聊天——身边只有墨西哥人和印第安人，而他们不会说英语。她非常难过，于是就写信给父母，说要丢开一切回家去。

她父亲的回信只有两行字，这两行信却永远留在她心中，完全改变了她的生活：

两个人从牢中的铁窗望出去，一个人看到泥土；另一个却看到了星星。

塞尔玛一再读这封信，觉得非常惭愧。她决定要在沙漠中找到星星。

塞尔玛开始和当地人交朋友，他们的反应使她非常惊奇，她对他们的纺织、陶器表示兴趣，他们就把最喜欢但舍不得卖给观光客人的纺织品和陶器送给了她。塞尔玛研究那些引人入迷的仙人掌和各种沙漠植物，又学习有关土拨鼠的知识。她观看沙漠日落，还寻找海螺壳，这些海螺壳是几万年前，这沙漠还是海洋时留下来的，原来难以忍受的环境变成了令人兴奋、流连忘返的奇景。她为发现新世界而兴奋不已，并为此写了一本书，以《快乐的城堡》为书名出版了。她从自己造的牢房里看出去，终于看到了星星是什么使这位女士内心发生了这么大的转变呢？

我们都知道，沙漠还是那个沙漠，印第安人也没有改变，只是塞尔玛的心态变了。这只是一念之间的改变，使她把原先认为恶劣的情况变为一生中最有意义的冒险。

总之，我们的心态在很大程度上决定了我们人生的成败，无论何事，积极主动就让事情成功了一半，为此，你不妨记住以下两点：

（1）我们怎样对待生活，生活就怎样对待我们。

（2）我们在一项任务刚开始时的心态就决定了最后将有多大的成功，这比任何其他因素都重要。

困难与挑战，微笑面对更有胜算

俗话说："世事无常，天有不测风云，人有旦夕祸福。"我们不能预知生活的各种情况，但我们可以选择面对生活的态度，正确的心理态度和良好的习惯会有积极的收获。行为心理学告诉人们，心态是能影响人的，尤其是在困境中的人们，能否突破困境，找到解决问题的方法，关键取决于其心态。

美国"牛仔大王"李维斯的西部发迹史中曾有这样一段传奇：

当年，他也像许多年轻人一样，带着梦想前往西部追赶淘金热潮。

一天，他发现有一条大河挡住了他西去的路。苦等数日，被阻隔的行人越来越多，但都无法过河。于是，陆续有人向上游、下游绕道而行，也有人打道回府，更多的则是怨声一片。李维斯想，只要能赚钱，为何一定要淘金呢？我如果有办法把这些急需渡河的淘金者送到对岸去，不一样能赚钱吗？

于是，他来到大河边，就地砍伐竹子，编扎成竹排，产生了一个绝妙的创业主意——摆渡。西去的淘金者都急于过河去淘金，没有人吝啬渡船过河的小钱。很快，他人生的第一桶金就在这里淘到了。

一段时间后，去西部挖黄金的人越来越少了，摆渡生意开始清淡。他决定继续前往西部淘金。来到西部，他发现这里到处都是淘金的人，想找一块合适的地方挖金太难了。怎么办？

这时他发现，这里不缺黄金，但是缺水。金山上因为人太多，淘金者白天都要喝水，晚上又需要水洗澡、洗衣。于是，李维斯到处去寻找水源，挖掘成井，然后每天用车把水运送到淘金的工地上。卖水的生意进行得非常红火，他又大赚了一笔。别人看见他卖水也能赚大钱，很快也都跟着卖起水来。这时，他又开始重新调整自己注意的焦点了。

他发现，在这里淘金的人，穿的衣服都极易磨破。同时，他又发现，在这里到处都有废弃的帐篷，于是他就把那些废弃的帐篷收集起来，洗干净，然后缝成了耐磨的裤子，卖给那些淘金者们。这就是世界上第一条牛仔裤！从此，他一发不可收拾，最终成为举世闻名的“牛仔大王”。

李维斯为什么能成为“牛仔大王”？他成功的秘诀在哪里？就在于他始终能正视眼前的困难和压力，并能适时地转换观念，寻找到新的突破口，走出了一条许多人想不到、走不通的路。他也就是凭这样的心态，走到了人生的制高点。

因此，无论你自身条件如何不好，不管你遇到何种困难，只要你能保持积极的心态、微笑面对，并能大胆挑战，就可能到达成功的彼岸。

那么，身处困境的人们，你该如何做呢？

1.学会不再埋怨

有3个人要被关进监狱3年，监狱长满足他们每人一个要求，美国人爱抽雪茄，要了三箱雪茄，法国人最浪漫，要一个美丽的女子相伴，而犹太人说，他要一部与外界沟通的电话。3年后，第一个冲出来的是美国人，嘴里鼻孔里塞满了雪茄，大喊：给我火，给我火！原来他忘了要火。接着出来的是法国人，已经孩子成群。最后出来的是犹太人，他紧紧握住监狱长的手说：这3年来我每天与外界联系，我的生意不但没有停顿，反而增长了200%，为表感谢，我送你一辆劳斯莱斯！

2.学会微笑

心理学家认为："会不会笑，是衡量一个人能否对周围环境适应的尺度。"多笑一笑，你会发现，真的没有什么大不了，微笑会使你变得坚强。

3.学会接受

面对困难时，一味地逃避和责备，都属于消极待世，而无益于任何问题的解决。因此，在处理问题之前，我们一定要摆正心态，只有先接受现状，才能调整状态。

真正的自信与坚强，都来自于自我的悦纳。悦纳自己就是接受自己目前的状态，并报以积极的态度直面它，做到不责备、不逃避、不遗忘。只有真正的悦纳自己，人才会超越自身的束缚，释放出最大的能量。

4.心怀必胜、积极的想法，并努力付于行动

生活中，不是因为有些事情难以做到，我们才失去自信；而是因为我们失去了自信，有些事情才显得难以做到。在做到自信面对困难的同时，我们同样要付诸行动，才能真正决胜于千里，解决困难，超越现在！

绝不慌乱，突发事件从容应对

人生在世，我们都愿意处于欢乐和幸福之中。然而，生活是错综复杂、千变万化的，并且经常发生一些我们预料不到的突发事件，这就可能导致我们的心理不平稳。但只要我们适时给自己一针心理"稳定剂"，就能始终保持一份好心情。

20世纪50年代初，美国总统杜鲁门会见十分傲慢的麦克阿瑟将军。

会见中，麦克阿瑟拿出烟斗，装上烟丝，把烟斗叼在嘴里，取出火柴，准备划燃火柴，可是却停下来对杜鲁门说："我抽烟，你不会介意吧？"

显然，这不是真心征求意见，因为他已经做好抽烟的准备了。在这种情况下，如果杜鲁门说"我介意"，当然不太合适，对方这种傲慢言行使他有

些难堪。

然而，杜鲁门看了麦克阿瑟一眼，并没有生气，而是笑道："抽吧，将军，别人喷到我脸上的烟雾，要比喷在任何一个美国人脸上的烟雾都多。"

杜鲁门这一番话表面上是在开玩笑，实际上委婉地表达了自己不满和无可奈何。同时，又体现出说话者的大度胸怀。而如若他当时不能平静内心，而是一时意气，恐怕就不会有如此圆满的结果。

的确，生活中，我们不免会遇到他人的伤害或者一些困扰之事，只有保持内心的平静，遇事冷静思考，才能想到更好的解决问题的办法。保持内心的平静，就是要在事情来了之后，不慌不忙地坦然面对，尽量争取做得圆满无缺。只有这样，心中才不会留下遗憾，做人才会更轻松。而相反，如果不能很好地控制自己，很可能会让事情更加复杂，难以处理。这种遇上困难就心理紧张、有压力在很多方面给我们带来不利的影响。

首先，对身体健康不利。

其次，很可能会对自己的人生目标以及个人追求带来一些负面影响，甚至会让你丧失自信心等。

当然，在我们身边，有这样一些人，他们能做到临危不乱、处变不惊，总是泰然自若，无论发生什么，他们都不会失去方寸，我们应该怎么做才能像他们那样呢？

两只青蛙一不小心掉进了牛奶桶，牛奶不同于清水，黏稠而又浑浊。一只青蛙悲哀地叹了口气说："这下完了，我们肯定出不去了，只有在这里等死了。"于是它放弃了努力，没挣扎几下，就沉入桶底，再也没有起来。另一只青蛙一声不吭，可它心中暗想："我多坚持一会儿，就会多一点获救的希望，说不准一会儿就有人把我捞出去，我就又可以晒太阳了。今天的天气可真好啊，我可不愿意错过这么好的阳光！"于是它沉着而均匀地滑动四肢，尽量节省体力，保持身体的平衡。没想到由于它的不断搅动，牛奶逐渐变成坚硬而结实的奶油。这只青蛙两腿用劲一蹬，轻轻一跳就跳出了牛奶桶。

从这个故事中，我们发现，人们的心理是可以调节的。心理学家艾克曼的实验表明，一个人总是想象自己进入某种情境，感受某种情绪，结果这种情绪十之八九真会到来。我们常常逗眼泪汪汪的孩子说："笑一笑呀"，结果孩子勉强地笑了笑之后，跟着就真的开心起来了。

其实，日常生活中保持良好心情的"砝码"就在你的手中。

1.转移注意力

当你遇到一些会使你心烦意乱甚至怒火中烧的事情时，此时最应该做的就是迅速转移你的注意力，把原来的不良情绪冲淡以至赶走，重新恢复心情的平静和稳定。

2.反应得体

有时候，当你遇到不平之事，有情绪是正常的，但无论遇到什么事，你都不能忘了要体面地应付，为此，你必须要保持冷静、心平气和地让对方明白他言行的错误之处，而不应该迅速地做出不恰当的回击，不给对方承认错误的机会。

3.将心比心

如果我们做事、说话都能站在对方的角度考虑一下，就事论事，那么你会觉得没有理由迁怒于他人，自己的气自然也就消了。

4.宽容大度

当我们做到宽容大度时，也自然能平静地对待遇到的不平事了。

人与人之间总免不了有这样或那样的矛盾，同事、朋友之间也难免有争吵、纠葛。只要不是大的原则问题，应该与人为善，宽大为怀。绝不能有理不让人，无理争三分，更不要为一些鸡毛蒜皮的小事争得脸红脖子粗，伤了和气。

总之，在面对突发事情时，学着如何保持镇定，努力控制自己是非常重要的。认真思考是非常重要的第一步，在做出行为前，冷静地考虑整个情形，事情将会变得更加容易控制！

积极乐观的心态帮你处世

人生短短数十载，困难和挫折都在所难免，我们不能预知未来，但我们可以以一颗坦然的心面对。只要做到积极乐观、永不绝望，就一定能走出逆境。当我们遇到逆境时，千万不要忧郁沮丧，无论发生什么事情，无论你有多么痛苦，都不要整天沉溺于其中无法自拔，不要让痛苦占据你的心灵。困难来临时，我们一定要给自己必胜的信念，要有勇气直面困难、打倒困难，以顽强的意志战胜困难。

第二次世界大战期间，在德国纳粹集中营，德国士兵经常要求英国战俘跟他们踢球。贝鲁姆被俘前是优秀的狙击手，也是技术精湛的足球前锋。比赛在监狱满是沙砾的场地上进行，与其说是比赛，还不如说是德国纳粹折磨战俘的一种办法。

纳粹不给战俘队员足够的食物，让他们饿得眼冒金星去参加比赛。德国人借此大比分获胜，然后奚落英国人为猪。

但是，圣诞节前的一场比赛发生了意外，震惊了观看那场比赛的人中的德国纳粹高级官员。贝鲁姆在比赛前吃了狱友积攒下来的黑面包，有了足够的体力去比赛。比赛只进行了三分钟，贝鲁姆就像野马一样顺利打乱德国人的防守，冲入禁区，一脚抽射，首破德国人的大门。最后，德国队虽然仍是大比分获胜了，但是他们“战无不胜”的神话已被一个缺少食物的战俘打破。不久，贝鲁姆被秘密处死。事先，他已经知道会如此。一位英国作家曾经多次提到过这个叫贝鲁姆的人，他说，那场圣诞球赛后，贝鲁姆成为集中营中希望和信念的支柱。

五十多年后，英国的一家体育电台播出了这个故事，结果接到了上千个电话，其中有一位老人是贝鲁姆的战友，他说，自从贝鲁姆进了一球后，他就坚信英国必胜。

贝鲁姆为什么能胜利？因为他坚信自己能成功，因此，他是积极乐观的。的确，人的一生就像一场比赛，你不可能总是处于优势地位，有时候你会遇到挫折，只要你继续参加比赛，就有希望获得让你满意的成绩。天才未必就能富有，最聪明的人也不一定幸福，想要摆脱人生的困境，你要记住让希望的阳光照进心田，要努力拯救自己摆脱困境。

生活中，许多人一陷入困境，就悲观失望，并给自己施加很重的压力，其实这时应告诉自己，困境是另一种希望的开始，它往往预示着明天的好运气。因此，你只要放松自己，告诉自己希望是无所不在的，再大的困难也会变得渺小。

美国亿万富翁、工业家卡耐基说过："一个对自己的内心有完全支配能力的人，对他自己有权获得的任何其他东西也会有支配能力。"当我们开始运用积极的心态并把自己看成成功者时，我们就开始成功了。

那么，为了培养乐观的精神，我们该怎么做呢？

1.摒除那些消极的习惯用语

这些消极的习惯用语一般有：

"我真是不知道如何是好了！"

"谁能救救我？"

"我真累坏了。"

……

相反，我们可以这样说来激励自己：

"累了一天，能这样休息真好啊！"

"再大的困难，我也能挺过去！"

"我要先把自己家里弄好。"

"我就不信我战胜不了你！"

2.听听愉快、鼓舞人的音乐

每天早上，当你起床后，就要接触那些积极的信息。如果可能的话，和一位积极心态者共进早餐或午餐。不要去看早上的电视新闻，你只要浏览一下当天报纸上的几条重要新闻即可，它足以让你知道将会影响你生活的国际和国内新闻。看看与你的职业及家庭生活有关的当地新闻，不要向诱惑屈服而浪费时间去阅读别人悲惨的花边新闻。在开车上班或上学途中，听听电台的音乐。晚上不要坐在电视机前，要把时间用来和你所爱的人谈谈天。

3.从事有益的娱乐与教育活动

观看介绍自然美景、家庭健康以及文化活动的节目；

挑选电视节目及电影时，要根据它们的质量与价值，而不是注意商业宣传。

4.情绪比较法

当心情不好时，你不妨去访问孤儿院、养老院、医院，你会发现，这个世界上比你不幸的人多得是。如果情绪仍不能平静，就积极地去和这些人接触；和孩子们一起散步游戏，这样，你的坏情绪就会因为做这些善良的事而逐渐平息下来。通常只要改变环境，就能改变自己的心态和感情。

快乐的情绪非常重要

人们穷其一生，都在追求快乐，因为只有快乐才是人生幸福的唯一标准。然而，什么是快乐呢？一般字典上对快乐下的定义多半是：觉得满足与幸福。德国哲学家康德则认为：“快乐是我们的需求得到了满足。”的确，快乐是一种美好的状况，也就是没有不好或痛苦的事情存在，你觉得个人及周围的世界都挺不错。然而，与快乐相伴相生的，还有痛苦，快乐与痛苦是生活中永恒的旋律，谁也不敢保证自己时时刻刻都是幸福和快乐的，我们应看重的不是痛苦和欢笑，而是心在痛苦和欢笑时的选择。

一个农夫家里有两个水桶，它们一同被吊在井口上。其中一个对另一个说：“你看起来似乎闷闷不乐，有什么不愉快的事吗？”

“唉，”另一个回答，“我常在想，这真是一场徒劳，好没意思。常常是这样，刚刚重新装满水，随即又空了下来。”

“啊，原来是这样。”第一个水桶说：“我倒不觉得如此。我一直这样想：我们空空地来，装得满满地回去！”

在现实生活中也是如此，处于同样的环境之中，有人觉得幸福，有人深感不幸；两个人同时望向窗外，一个人看到星星，另一个人看到污泥。这代表着两种截然不同的态度。

在人生的路上，快乐的情绪非常重要。生活是一门艺术，缺少了快乐这支彩笔的渲染和点缀，艺术的色调就会变得灰暗，变得枯燥乏味。通过对生活的悉心观察，我们会发现，快乐具有无穷的能量，蕴藏着强大的生命力和创造力。所有关于快乐的研究结果都在表明，懂得享受快乐的人，往往是那些忙碌、有活力、性格外向的人。一个开朗豁达，生活态度积极向上的人，也往往是一个快乐的人和成功的人。用一种忧郁的心境去体味人生，去看待人生，那人生便会成为一种折磨，一种煎熬。

那么，我们怎样才能获得快乐的情绪呢？

1.承认痛苦的存在

这一天，本·沙哈尔正在哈佛的食堂吃饭，有个学生走到面前，问道：“你就是那个教人如何快活的老师吧？”

这位学生接着说：“你要小心，我的室友选了你的课，如果哪天我发现你并不快乐，我就要告诉他，别再上你的课。”本·沙哈尔看着这个学生，笑着道：“没关系，我现在就可以告诉你，我也有不快乐的时候，因为我们是人。”

2.着眼于眼前的工作

一群年轻人到处寻找快乐，但是却遇到许多烦恼、忧愁和痛苦。他们向老师苏格拉底询问快乐到底在哪里。

苏格拉底说：“你们还是先帮我造一条船吧！”

年轻人们暂时把寻找快乐的事放到一边，找来造船的工具，用了七七四十九天，锯倒了一棵又高又大的树；挖空树心，造成了一条独木船。独木船下水了，年轻人们把老师请上船，一边合力荡桨，一边齐声唱起歌来。苏格拉底问：“孩子们，你们快乐吗？”

学生齐声回答："快乐极了！"

苏格拉底道："快乐就是这样，它往往在你忙于做别的事情时突然来访。"

3.只跟自己比，不和别人攀

真正的快乐是发自内心的、无拘无束的，但你是否发现，从孩提时代起，你就告诉自己，要比周围的人优秀，你有来自各方面的压力，这种压力随着年龄的增长越来越强烈。因此，你处处想表现优异，以为自己非得十全十美，别人才会接纳自己、喜欢自己。一旦发觉自己处处不如人时，就开始伤心、自卑，结果当然毫无快乐可言。

你应该摒弃那些世俗的衡量标准，以自己为比较对象，想想当初起步错在哪里，如今有无进展。如果你真的已经尽了力，相信一定会今天比昨天好，明天比今天更好。

4.关心周围的人、事物

我们每个人都生活在一定的社会圈子里，没有人可以单独存活于世，因此，如果你把自己封闭起来，只关心自己，那么，你的视野会慢慢变得狭隘。而假如你对某些人、事物很关心的话，你对生命的看法一定会大大的改观。

你应该关心什么？关心谁呢？想一想，我们虽然平凡，但我们可以为社会、为他人尽一份绵薄之力，比如，你可以去孤儿院、敬老院，为他们干干活儿、打打杂，只有付出一点，你就会快乐些。心理学家艾力逊曾经说过："只顾自己的人结果会变成自己的奴隶！"关怀别人的人不但能对社会有所贡献，更可以避免枯燥乏味、毫无情趣的生活。

因此，要记住，开启快乐之门的钥匙实际上就掌握在你自己手中！

注重礼仪和习惯

日常生活中，有这样两种人，一种注重日常行为习惯，注重利益外表，给人积极向上的印象；而另外一种，则生活颓废，蓬头垢面，即使出现在公共场合，也丝毫不顾及自己形象。面对这两种人，你更愿意与哪种交往？很明显，是前者！也就是说，一个积极向上的人必定注重礼仪与习惯，以这样的状态，无论做人做事，都会带来积极的效果。

这里，需要我们从礼仪和习惯两个方面加以阐述。

一、礼仪

什么是礼仪呢？简单地说，礼仪就是礼节和仪式，它有三大要素：语言、行为表情、服饰器物。一般地说，任何重大典礼活动都需要同时具备这三种要素才能完成。礼仪的分类很多，可以分为个人礼仪、家庭礼仪、社会礼仪、商务礼仪等，还有外事礼仪、习俗礼仪、礼仪文书等。

从个人修养的角度来看，礼仪可以说是一个人内在修养和素质的外在表现。从交际的角度来看，礼仪可以说是人际交往中适用的一种艺术，一种交际方式或交际方法，是人际交往中约定俗成的示人以尊重、友好的习惯做法。从传播的角度来看，礼仪可以说是在人际交往中进行相互沟通的技巧。

从个人的角度来看，礼仪的主要功能，一是有助于提高人们的自身修养；二是有助于美化自身、美化生活；三是有助于促进人们的社会交往，改善人们的人际关系；四是有助于净化社会风气。

注重礼仪，需要我们从以下几个方面努力：

1.仪容仪表

仪容上，我们要做到干净整洁，并清洁到细处，要把脸、脖子、手都洗得干干净净；勤剪指甲勤洗头；早晚刷牙，饭后漱口，注意口腔卫生；经常洗澡，保证身体没有异味；衣着要干净、整洁、合体。

2.行为举止

这一点，我们要达到的目标就是“站如松，行如风，坐如钟，卧如弓”，主要从站、坐、行以及神态、动作方面提出要求。

这里，你需要在站姿上做到挺拔、精神，身体直立、挺胸、收腹等；

坐姿上要避免无精打采、耸肩、塌腰，千万不能半躺半坐；

行走时要昂首挺胸，肩膀自然摆动，步速适中，防止八字脚、摇摇晃晃，或者扭捏碎步。

3.表情神态

与人交往要面带自然微笑，千万不要出现剔牙、掏耳、挖鼻、搔痒、抠脚等不良习惯动作。要表现出对人的尊重、理解和善意。

4.言谈措辞

这要求我们使用文明礼貌用语，如您好、谢谢、请、对不起、没关系等。要做到态度诚恳、亲切，使用文明语言，简洁得体，既不能沉默寡言，也不能啰唆重复。

二、习惯

一种行为习惯，是人们成长过程中，在很长一段时间内逐渐形成的一种行为倾向。从某种意义上说，“习惯是人生最大的指导老师”。世界著名心理学家威廉·詹姆士这么说的：

播下一种行为，收获一种习惯；

播下一种习惯，收获一种性格；

播下一种性格，收获一种命运！

可见，好的习惯是十分重要的，它可以让人的一生发生重大变化。满身恶习的人，是成不了大气候的，唯有有好习惯的人，才能实现自己的远大目标。

每个人都想有一个好的习惯，但如何才可以养成一个好的习惯呢？

有一位禅师，带领一帮弟子来到一片草地上。他问弟子们，怎么可以除掉草地上的杂草。弟子们想了各种办法，拔、铲、挖等。但禅师说，这都不是最佳办法，因为“野火烧不尽，春风吹又生”。什么才是最好的办法呢？禅师说：明年你们就知道了。

到了第二年，弟子再回来发现，这片草地长出了成片的庄稼，再也看不见原来的杂草。弟子们才明白最好的办法原来是在草地上种粮食。

这是禅师的智慧——用庄稼根除杂草。我们在培养习惯时，是否可从禅师那里领悟借鉴呢？好习惯多了，坏习惯自然就少了。

习惯的养成，并非一朝一夕之事；而要想改正某种不良习惯，也常常需要一段时间。根据专家的研究发现，21天以上的重复会形成习惯，90天的重复会形成稳定的习惯。

习惯的形成大致分成三个阶段：

第一个阶段是1 ~ 7天

这个阶段的特征是“刻意，不自然”。这期间，你必须提醒自己，要努力改变自己，即使你觉得不适应、不习惯。

第二个阶段是8 ~ 21天

这一阶段的特征是“刻意，自然”，经过前一段时间的改变和调整后，你可能会觉得已经自然多了，但你要注意，这仍然是一个习惯的形成期，一不留神，你就会回到前一段时间的状态，因此，你还需要刻意地提醒自己改变。

第三个阶段是22 ~ 90天

这个阶段的特征是“不经意，自然”，其实这就是习惯，这一阶段被称为“习惯性的稳定期”。一旦你进入这一阶段，就证明你的“改造”成功了，这个习惯已成为你生命中的一个有机组成部分，它会自然而然地不停为你“效劳”。

第十四章

做事的技巧：幽默诙谐，巧言应对

可以说，任何人的一生，都离不开做人、做事、说话。“七分做人，三分做事”，无论做人做事，都要求我们会说话。口才是古今中外顶级人才的必修课，我们每天都离不开一张嘴。是否会说话，直接关系到我们是否能成功达到办事的目的。也就是说，会说话是一种做事的技巧。俗话说：“一句话让人笑，一句话让人跳。”真可谓“说话难，难于上青天”。说话虽难，可如果你学习掌握了一些基本的原则，也就变得简单了。

会说话的人更会办事

《红楼梦》中有句话说：“世事洞明皆学问，人情练达即文章。”人无论在哪个发展阶段都离不开做人、说话、办事。要想立足社会，想在人际圈中吃得开，就要掌握三种本领：会做人、会说话、会办事。这就是一种“学问”。生活中，我们发现，那些会说话的人似乎总是能掌握成功办事的通行证，总是能事半功倍。而那些不善表达者做事时似乎总是处处碰壁。俗话说：“一句话让人笑，一句话让人跳。”就是这个道理。

老陈和老王是同一个单位的退休员工，也是邻居。老王平时爱逗乐子，几天没有见，一见面就说：“你还没有死呀？”对方也不计较，回一句：“我等着给你送花圈呢！”两个人哈哈一笑了事。

后来，老王想求老陈帮自己办一件事，碰巧他得知老陈因病住了院，他心想，这下可以去看看他，也好提这事。

这天，老王提着一堆东西来到医院，一见面就想逗逗老陈，说：“你还没有死呀？”这一次，老陈立刻变了脸，生气地说：“滚，你滚！”把他赶了出去。老王丈二和尚摸不着头脑，不知道怎么回事。后来，老王提起帮忙的事时，老陈没有考虑便拒绝了。

老王就是一个不会说话的人，原本他是想看望生病的老陈，但他却没有读懂一个病人的心情。人家正在病中，心理压力很大。你在病房里对着忧心忡忡的病人说“死”，显然是有失分寸的。其实，老王本来也是好意，想逗对方开开心，只可惜好心办了坏事，才闹出了不愉快。与老王不同的是，历史上的拿破仑就是个会说话的人。

拿破仑在征服意大利的一次战斗中，夜间亲自巡岗查哨，发现一名哨兵倚着树根睡着了。他没有唤醒哨兵，却自己拿着枪替哨兵站了半个多小时的岗。哨兵从睡梦中醒来，发现替自己站岗放哨的竟然是最高司令官，十分恐慌与绝望。拿破仑却和蔼地对他说："朋友，这是你的枪，你们艰苦作战，又走了那么长的路，你打瞌睡是可以谅解的。但是目前，一时的疏忽就可能断送全军的性命。我正好不太困，就替你站了一会儿，下次可要小心。"

拿破仑处理哨兵睡觉事件上的圆润，避免了官兵间可能产生的矛盾，此举不仅感动了哨兵，也感动了全军。如果拿破仑非常严肃地处理哨兵睡觉事件，情理上虽然能说得过去，可是却肯定会伤害艰苦作战、极度疲劳的士兵的感情，从而影响到部队的战斗力。

会说话就是讲究语言表达的方式：说得好，说得精，说得巧。

说得好，就是真正说出对方爱的话，说者会说，听者爱听，彼此共鸣；

说得精就是言简意赅，不啰唆，不冗繁，不赘言；

说得巧，是把话说到点子上，言之有据，一语中的，而不是东拉西扯，无理狡辩。

有的人会说话，有的人不会说话。正所谓"良言一句三冬暖"。会说话的人可以明确地表达自己的意图，能够把道理说得清楚、动听，并让听者乐意接受。会说话的人金玉良言被人所称赞，绝词妙语被人所欣赏，豪言壮语被人所鼓舞。不会说话的人常常吞吞吐吐，含糊其辞，容易造成误会，伤及感情，对人对己都不利。

那么，我们该如何说话，才能事半功倍呢？

1.说话饱含感情

"真是久仰大名""一日不见如隔三秋"类没有感情色彩的话语，如同一束没有生命力的塑料假花，它非常美丽但缺少活力，不鲜活动人，没有动力。

2.表达真诚

一个说话真诚的人，更容易让人相信、亲近。那些冠冕堂皇、虚情假意的话怎么能让人产生亲近感？因此，即使对话双方身份不同、处境各异，只要说的是坦率、真诚、发自肺腑的话，往往都能起到感动人心的作用。

3.站在对方角度说话

如果与人对话时多从沟通的角度出发，多一点将心比心的理解，多说一点善解人意的话，那么，语言表达就容易引起对方的共鸣，一种独特的亲和力也就寄寓其中了。比如，当对方正遭受某种不幸时，你应感情真挚地表达自己的理解，你可以说："你的心情我能理解……"而假如你漠不关心的话，对方是不会答应你的请求的。

当然，真正会说话的人，一般都会从情感的角度，以情动人打动对方，让对方接受我们，进而成功达到我们的目的！

谈话中展现你的风度

我们都知道，语言是人与人之间信息沟通的桥梁，是思想感情交流的渠道。语言在人际交往中占据着最基本、最重要的位置。在与人交往的过程中，与人谈话的时候，得体、大方的谈吐，是一种良好素养的表现，是获得认同的前提。

小张毕业后就在一家事业单位上班了，到现在也已经有一年多了。最近单位要选拔一批年轻干部。负责这次选拔活动的领导准备对这些候选新人们进行一次面对面的谈话。要知道，这还是领导第一次找他谈话，关系到领导对他的直接印象。小张也明白这点，但恰巧头天晚上女友和他大吵了一架，并且坚决说分手。小张一晚没睡，第二天情绪很低落，他也没调整情绪就进了领导办公室。在整个谈话的过程中，他强打精神，眼睛布满血丝，在谈话过程中时常走神，只是简单地回答领导的问题，并没有主动提到一些关于职业规划和对工作的目标与期望等。并且在没征得领导同意的情况下，就点燃了一支烟。

谈话结束后，领导对小张的印象是：没有朝气，对工作没有热情，是个缺乏主动性与创造力的人。后来小张又与女友和好了，但给领导留下的不良印象却一下难以消除。年轻干部的名单中自然也没有小张的名字。

对于小张这类表现得没有锐气、意志消沉的年轻人，领导自然不会欣赏。职场中，不少人犯过类似于小张的错误，因为生活琐事，而把情绪带到工作中，在与领导或者与同事沟通过程中精神萎靡不振或者情绪化，自然就会给领导留下不佳印象。

因此，无论何种情况下，我们与人谈话，一定要调整好自己的情绪，尽量做到冷静沟通，谈吐大方得体，让对方看到你的气质与风度，这样才会得到他人的认同。

那么，在与人谈话的过程中，我们该如何展现自己的风度呢?

1.多使用礼貌用语

除了礼貌的需要之外，能多使用礼貌用语，还可体现一个人的文化修养。比如，我们经常会使用敬语“请”字， 第二人称中的“您”等，另外还有一些常用的词语，如初次见面称“久仰”，很久不见称 “久违”，请人批评称“请教”，请人原谅称“包涵”，麻烦别人称“打扰”，托人办事称“拜托”，赞人见解称“高见”等。使用礼貌用语，并不是机械的、固定的，不一定非要用于正式场合。与人说话，只要你的言谈举止彬彬有礼，对方就会对你的个人修养留下较深的印象。

2.注意身体语言

所谓谈吐，从广义上看，还包括我们的举手投足，所以，我们与人交谈，除了要修饰自己的语言外，还必须注意自己的身体语言。身体语言关系到个人风度气质，体现着个人修养。不良的动作习惯容易令对方反感，应当尽力改正。另外，我们不要以为与人交谈时能暂时克制自己的某些不良的行为习惯，最好的办法是时时提醒自己，从日常小节做起，培养良好的身体语言。

在异性面前，更应注意自己的身体语言。女性与男性交谈，应举止得体、大方，不可有暧昧的暗示，也不可说话过于发嗲等。男性与女性交谈，则应尊重对方，不能流露轻视的态度，身体语言也不能轻佻放肆。

3.态度自然，不卑不亢

在与身份、地位高于你的人交谈时，我们尤其要注意这点。与他们交往，常令我们肃然起敬，但这更意味着我们要态度自然、不卑不亢地与之说话，自我贬低会无形中降低我们的价值。

4.真诚为上

与人谈话，无论话题是什么，都要坦诚待人，这是谈话的基础，因为人们最忌讳的就是说假话。不要以为你撒谎的小伎俩能骗过对方。你可以欺骗对方一次、两次，但如果你想继续交往下去，就必须真心待人。另外，无论什么场合都不要喋喋不休，这也是大忌。该说的时候，言简意赅，简明扼要，落落大方。

5.表达自然

与人交谈时，只有用最自然的声音说话，才能真正打动人心，不要因为紧张而声音失真。同时语言表达要简单清晰，切忌啰唆。

6.懂得倾听

人人都有表达的欲望，切忌滔滔不绝地讲话而忽视了倾听。

总之，与人交谈，我们一定要做到大方得体，把握好分寸，不要让对方觉得你举止随便，而应当通过交谈过程中的一些细节，展现你的风度！

不要轻易把“老底”交出来

生活中，每个人都渴望交流和沟通，语言是人际交流的重要方式，交谈有利于彼此之间交换信息、想法和感受。那些不善言辞的人，通常情况下，人际关系都会逊色于那些具有良好口才的人，在办事时自然也有更多的阻碍。可以说，口才已经成为是新世纪判断人才的重要标准。

而实际上，现实生活中，总是有些人把说话当成辩论赛，好像说得快、说得多就代表自己胜利了，往往不假思考脱口而出，一开口就把自己的老底交出来。事实上，正是因为这样，往往导致祸从口出，说一些不该说的话，犯一些无法弥补的错误。

为了与他人有更好的沟通，我们一定要克制住自己争强好胜的个性，控制住自己脱口而出的冲动，在说重要的话前先打腹稿。只有这样才能有效管住你的嘴巴，隐藏自己、避其锋芒，这样才会保存自己。

东汉末年，曹操挟天子以令诸侯，势力大；刘备虽为皇叔，却势单力薄，为防曹操谋害，不得不在住处后园种菜，亲自浇灌，以为韬晦之计。关云长和张飞被蒙在鼓中，说刘备不留心天下大事，却学小人之事。

一天，刘备正在浇菜，曹操派人请刘备，刘备只得胆战心惊地一同前往入府见曹操。曹操不动声色对刘备说："你在家做得大好事！"说者有意，听者更有心，这句话将刘备吓得面如土色，曹操又转口说："你学种菜，不容易。"这才使刘备稍稍放心下来。曹操说："刚才看见园内枝头上的梅子青青的，想起以前一件往事（即'望梅止渴'），今天见此梅，不可不赏，恰逢煮酒正熟，故邀你到小亭一会。"刘备听后心神方定。随曹操来到小亭，只见已经摆好了各种酒器，盘内放置了青梅，于是就将青梅放在酒樽中煮起酒来了，二人对坐，开怀畅饮。

酒至半酣，突然阴云密布，大雨将至，曹操大谈龙的品行，又将龙比作当世英雄，问刘备，请他说说当世英雄是谁。刘备装作胸无大志的样子，说了几个人，都被曹操否定。曹操此时正想打听刘备的心理活动，看他是否想称雄于世，于是说："夫英雄者，胸怀大志，腹有良谋，有包藏宇宙之机，吞吐天下之志者也。"刘备问："谁能当英雄呢？"曹操单刀直入地说："当今天下英雄，只有你和我两个！"刘备一听，吃了一惊，手中拿的筷子，也不知不觉地掉到地下。正巧突然下大雨，雷声大作，刘备灵机一动，从容地低下身拾起筷子，说是因为害怕打雷，才掉了筷子。曹操此时才放心地说："大丈夫也怕雷吗？"刘备说："连圣人对迅雷烈风也会失态，我还能不怕吗？"经过这样的掩饰，刘备使曹操认为自己是个胸无大志，胆小如鼠的庸人，曹操从此再也不怀疑刘备了。

事实上，曹操“煮酒论英雄”，也只是为了试探刘备有无称雄的志向，刘备自然心知肚明，他就是担心曹操把他当做对手，就是怕曹操把他当做英雄。如果那样，刘备不但不能为他日成就自己的伟业招兵买马，甚至可能会丧失性命，于是在曹操追问他天下英雄时，他假装糊涂，处处设防，甚至用一些其他人物来搪塞，比如袁绍、袁术、刘表等。以刘备的胸怀，这些碌碌无为之人，又怎么能入他的眼睛。而这些人都被曹操寥寥几句评价一一驳回，针针见血。可见，刘备堪称真英雄！

直言直语可能会成为一个人致命的弱点，让你在他人面前暴露无遗。当对方了解你的真实想法以后，便会对你大加防备甚至刻意与你为敌。可能你在吐露心声的时候，没有任何的顾虑，只看到现象或表面，也只考虑到自己“不吐不快”，可是，当你想到你的这句不经意的话可能导致你的人际关系出现阻碍，你还会无所顾忌地说话吗？

可见，说话也是一种艺术。说什么、怎么说，都有讲究。很多时候，一句恰当的话可以为你加分，而有时吃亏就是因为没能管住自己的嘴巴。对此，我们要有清醒的认识，凡事三思而行，说话也不例外，无论想说什么，不妨先打个腹稿，多考虑一下自己这样说的后果，这样，能避免说出很多不该说的话！

硬话软说对方更易接受

一个人从踏入社会那一刻起，就意味着你必须学会如何说话，如何办事。办事、说话的能力，也决定了这个人未来的人际关系和生存状况。世上没有办不成的事，只有不会办事的人。一个会办事的人，无论遇到什么困难，总会逢凶化吉，把不可能的事变为可能，最后达到自己的目的；一个会办事的人，总能通过自己的“手段”，把各种各样的事情协调得尽善尽美。

人的一生，就是由各种大事小事组成起来的，有时候，我们需要求人办事；有时候，我们需要指出他人的过错。但无论做什么事情，都要求我们在说话的时候不可过于强硬，而硬话软说对方更容易接受。

伏尔泰曾有一位仆人，有些懒惰。一天伏尔泰请他把鞋子拿过来。鞋子拿来了，但布满泥污。于是伏尔泰问道："你早晨怎么不把它擦干净呢？"

"用不着，先生。路上尽是泥污，两个小时以后，您的鞋子又要和现在的一样脏了。"

伏尔泰没有讲话，微笑着走出门去。仆人赶忙追上说："先生慢走！钥匙呢？食橱上的钥匙，我还要吃午饭呢。"

"我的朋友，还吃什么午饭。反正两小时以后你又将和现在一样饿了。"

伏尔泰巧用幽默的话语，批评了仆人的懒惰。如果他厉声呵斥他、命令他，就不会有这么好的效果了。

除此之外，我们在求人办事的时候也需要硬话软说。

有位教师，教学科研成绩突出，各项条件具备，但职称总评不上，原因是他与校领导关系不好。此君上告到上级主管领导处，虽然竭尽所能引起领导对自己处境的同情，但仍收效不大，这位领导听后反而推辞说："评不上是你学校的问题，学校不上报，我又有什么办法？"此君早有心理准备，立刻说："如果学校能解决，我就不会来麻烦您了。我是逐级按程序反映。您是上级领导，而且又主管这方面的工作，下面在这方面出了问题，您是有权过问的。如果您不及时处理，出现更大麻烦，那就晚了。我想，只要您肯过问，您的意见他们会听的。"这番话很奏效，这位领导很快改变了态度，事情最终得以解决。

这位教师在求领导办事的过程中，很好地运用了说软话这一方法，他的一番话的言外之意是："处理此事是您的责任，如果您不过问就是失职，那么，我还会向更高的上级领导反映，那时您可就被动了。"虽然是示弱，但却显得不卑不亢，让对方不得不处理此事。

其实，我们所说的说软话并不是真的在示弱，也并不是非得以眼泪才能博得对方的同情，只不过是一种说话的技巧，以达到你的说话目的。在生活中，我们常常会听老人们这样说："软刀子更扎人！"也就是说，我们在谈话过程中，要硬话软说，同时，我们的态度要不卑不亢。

那么，具体来说，我们该怎样硬话软说，才能让对方接受呢？

1.过好心理这一关

这是我们首先要做到的。任何一个人，都必须要明白一个道理，说任何话都要先加以思索。如求人办事，要放得下架子，求人不必虚张声势、空话连篇，但是也不必灰溜溜、乞哀告怜。而批评他人，也要做到考虑对方的承受能力。

2.诚恳礼貌

说任何话，诚恳礼貌都是让对方接受的前提条件。

3.温语相求

用商量的口吻向对方说出自己要办的事，是一种巧妙的办法。装作自己没有任何把握，将建议与请求等慢慢表达出来，给对方和自己留下一条退路。比如说："这件事我办起来很困难，你试试如何？"

4.委婉式批评

委婉式批评也称间接批评。一般采用借彼批此的方法，声东击西，让被批评者有一个思考的余地。其特点是含蓄蕴藉，不伤被批评者的自尊心。

有一次宴会上，一位肥胖的夫人坐在身材瘦小的萧伯纳旁边，带着娇媚的笑容问大作家："亲爱的大作家，你知道防止肥胖有什么办法吗？"萧伯纳郑重地对她说："有一个办法我是知道的，但是我怎么想也无法把这个词翻译给你听，因为'劳动'这个词对你来说是外国字呀！"

萧伯纳这种含蓄委婉、柔中带刚的批评方式，针对性极强。

总之，无论是什么目的的说话，都不可过于强硬，硬话软说，说话留有余地往往能达到曲径通幽的目的！

不能踏入的话题禁忌

日常生活中，我们与人交流感情的一个重要方式就是聊天。知己是如何来的？多半都是通过聊天聊出来的，聊天带有随意性，但聊天也有技巧，天南海北的闲扯，不仅不能增进感情，还会让别人觉得无趣。我们如若能从对方的心理出发，说出对方喜欢听的话，给对方带来愉悦的情绪，便能拉近与对方的距离。

人们交谈一般都是由一个话题开始的，如果人们能围绕一个话题各抒己见，在良好的氛围中交谈，那么，人们的关系便增进了。如果选择了不适宜的话题，引不起大家的兴趣，没有人做出反应，交谈便失败了。因此选择合适的话题十分重要，而选择话题的前提就是，不能踏入话题禁忌。

可能你曾经有这样的经历，当你夸夸其谈，认为自己的话题很有趣时，却发现对方已经变了脸色，为什么呢？此时，你可能触犯到了某些话题禁忌。

有一天，几个同事在办公室聊天，其中有一位李小姐提起她昨天配了一副眼镜，于是拿出来让大家看看她戴眼镜好看不好看。大家不愿扫她的兴都说很不错。这时，同事老王因此事想起一个笑话，便立刻说出来：

“有一个老小姐走进皮鞋店，试穿了好几双鞋子，当鞋店老板蹲下来替她量脚的尺寸时，谁知这位老小姐是个近视眼，看到店老板光秃的头，以为是她自己的膝盖露出来了，连忙用裙子将它盖住！”

接着是一片哄笑声，谁知事后竟从未见到李小姐戴过眼镜，而且碰到老王后再也不和他打招呼了。

其中的原因不说自明。说者无心，听者有意，在老王看来，他只联想起一则近视眼的笑话。然而，李小姐则感觉到自己被侮辱了。

可见，与人交往，我们说话要看场合、对象，选择话题更要考虑对方的感受。

有些人认为，聊天时只有那些不平凡的事才值得谈。因此朋友见面想开口时，往往满脑子都在苦苦思索，企图找到一些怪诞、惊奇的事件或相当刺激的新闻来当话题。但实际上，我们的生活是朴实的，这类话题毕竟是少数。而且，如果我们每天与对方谈新闻，毫无新鲜感可言。

事实上，我们都是普通人，所关心的问题也比较普通，比如，孩子大了，到哪个学校读书比较好；花卉被虫子咬了，该用什么药；养个什么宠物比较好；猪肉又涨价了等。

话题的选择最好能就地取材，依照当时所处的环境选取话题。比如，如果你和对方相遇在朋友家里，不妨与对方聊一聊与主人的关系："听说您和×先生是战友？"这样，无论问得对与不对都不会引起不愉快。

但却有一些话题会让对方很不舒服，那么，这些禁忌的话题都有哪些呢？不合适的话题主要有以下几种类型：

1.以"自我为中心"的话题

有的人与人聊天时总喜欢把自己"私人"的话题拿出来谈。要知道，并不是每个人都对你喜欢的话题感兴趣的。

2.有关禁忌的话题

事实上，每个人都有自己的忌讳，也都讨厌别人提及自己的忌讳。在与他人聊天时，我们就要避开这类话题，把握分寸，否则，很可能伤害到别人的自尊心。这类话题包括疾病、不幸的婚姻等。

3.假话题

假话题是指那些无法继续下去的话题，如果你用"今天天气很好"来开始谈话，对方便没有什么话来回应。

如果你发现周围的人不愿意与你交谈，那你就要检查一下你在选择话题方面是不是存在问题。

卡耐基说："好口才是社交的需要，是事业的需要，是生存的需要。它不仅是一门学问，还是你赢得事业成功常变常新的资本。"但是，能说话不等于会说话，话还要说得有分寸。只有把握好说话的分寸，才算掌握了开启成功之门的钥匙，如此才能把话说到人的心坎上，达到"一语惊起千层浪"的效果！

开玩笑也要讲究分寸

日常聊天中，开个得体的玩笑，可以松弛神经，联络感情，活跃气氛，因而诙谐幽默的人常常会受到别人的喜爱。不过，开玩笑也要讲究分寸，如果玩笑开得不好，不仅达不到聊天的目的，还可能适得其反，伤害彼此的感情。

晋孝武帝司马曜在位期间，创造了在军事史上堪称奇迹的“淝水之战”。他是一个有作为的皇帝，但同时也是一个享乐主义者。司马曜平生有两大爱好，一是喝酒，二是开玩笑。他嗜酒如命，玩笑开得也常常让人瞠目结舌。

孝武帝非常喜欢喝酒，经常在内殿里流连迷醉，头脑清醒的时间少了，宫外的人也很少被允许晋谏。张贵人是后宫里最受宠幸的，后宫中人人都非常害怕她。公元396年9月20日，孝武帝和后宫的嫔妃们一起宴饮。这时张贵人不胜酒力，极力辞谢。孝武帝面露愠色，对她说：“当年你是因为美丽才被封为贵人，现在你已经年近30岁，美色消退，也应该废黜了。”司马曜本来说的只是开玩笑的一通酒话，但对张贵人来说却无异于晴天霹雳。想到自己容貌将衰，司马曜已经厌弃，一时又气又恨，顿时起了杀心。她洗脸换衣后，招来心腹宫女，偷偷溜进卧室，见司马曜熟睡，就用被子蒙住他的脸，搬来重物压在他身上。司马曜挣扎一番，终于被活活闷死了。《晋书卷十一》载：“为张贵人所弑。”《晋书卷九》载“时张贵人有宠，年几散失，帝戏之曰：‘汝以年当废矣。’贵人潜怒，向夕，帝醉，遂暴崩。”司马曜死后，谥孝武帝，庙号烈宗。与孝武定王皇后共葬于隆平陵（今南京钟山之梅花山）。

当然，日常生活中，我们开个玩笑并不会和司马曜一样为自己招来杀身之祸，但如果玩笑开得不恰当，势必会让对方产生厌烦情绪。

开玩笑本来是一种调解谈话气氛的良好方式，但如果不注意分寸，乱开玩笑，就很容易使被开玩笑的对象陷入窘境，那就并非开玩笑之道了。比如，你拿同学不及格的成绩开玩笑、拿亲戚朋友生意亏本而开玩笑、拿朋友的隐私开玩笑……这些都是需要同情的事件，你却拿来取笑，不仅会使对方难以下台，而且还表现出你的冷酷。

另外，有些人在生理上有些不足或者缺陷，这本身已经是一件难堪的事，如果你拿来作为谈资，也会招来他人的记恨。别人不幸的，你应该给予同情才是。如果聊天的人中，有一位在生理上有缺陷，那么在谈话中要避免易使人联想到其缺陷方面的笑话。

生活中，每个人的性格、脾气和爱好不同，因而开玩笑首先要因人而异，还要注意长幼关系。长者对幼者开玩笑，要保持长者的庄重身份，让幼者不失对长者的尊敬；幼者对长者开玩笑，要以尊敬长者为前提。而且，开玩笑还要注意男女有别。男性一般承受能力较强，一般的玩笑不会让男士感到太尴尬；而女性相反，不得体的玩笑很容易让女士难堪，甚至下不了台。

所以，开玩笑前一定要先想一下，对方的性格是什么样的，你和对方的关系如何，你开这样的玩笑对方是否能接受。

总之，在与朋友或同事聊天时适当开几句玩笑，能增进彼此间的感情。但是，开玩笑也要注意一些问题：

1.开玩笑要分层次

开玩笑的程度要视你与对方的关系亲疏远近而定，对于那些关系不近的人，开玩笑就要小心为妙，如果你觉得你的玩笑不能起到调节气氛的作用，那么，玩笑大可不开。

2.开玩笑要善意

任何玩笑都应是善意的，而不应该捉弄别人、恶作剧等，否则玩笑就会变成对对方的伤害，甚至形成心理阴影。

3.开玩笑要看对方的性格

如果对方是个事事较真的人，最好不要开玩笑。

4.开玩笑要选择适当的时机

不要在对方忙得不可开交或心情抑郁时开过分的玩笑。

5.开玩笑还要注意对方的职业

在医药行业，你在对方的抽屉里放一只假臂可能都不过分；但在法律行业，可能你在某人屁股底下放一个“吱吱”作响的坐垫，就不太合适了。

掌握以上几个要点，能帮助我们拿捏好玩笑的分寸，以使交谈双方在玩笑中增加感情！

说话要言之有物，让对方明白

语言是一门表达自己观点的艺术。现实生活中，有很多人说了很多话，立足点和出发点本来是不错的，但却由于不注意说话艺术，使语言毫无针对性，甚至让对方觉得“不知所云”。

“言之有物，实为心声，一颦一笑，俱带感情”，这是任何语言必须要达到的最基本的效果，试想，如果你在表达上模糊不清、云里雾里，无法让交谈对方领略到你的话中含义，又怎么能让对方按照你的意图行事呢?

那么，我们在说话时，如何才能做到言之有物，让对方明白呢?

1.丰富你的语言储备

常言道：“工欲善其事，必先利其器。”要想会说话，说好话，就必须锻炼好自己的硬件条件——充实语言储备。因为只有掌握丰富的知识，才能让你在交谈的时候娓娓道来、有理有据，也可以使你的口头表达更加准确，可以使口语表达更加生动。

2.打好腹稿，选择词句表达自己的思想

许多演讲大师在讲演之前，都会对语句的组织做一番精心准备，以便使自己的讲话更准确、更生动、更有力度。

在大多数情况下，我们在与人交谈前，也应该对自己将要讲的内容预先梳理一番。这样做的好处在于：

首先，能起到“有备无患”的作用，这样，可以回应说话过程中出现的某些“意外情况”。有时候，我们在说话的过程中，会因为准备不充分出现一些怯场、心慌等情况，要避免这一点，我们就要做到事先对讲话内容有所准备，对说话可能引起的反应有所预测。

而最为重要的是，对说话内容的梳理，能帮助我们找到最能表达意图的语言。语言，特别是作为表意文字的汉语，词汇特别丰富，语言与情境的关系也非常紧密。如果不事先做一些准备工作，那么在说话的过程中，就很难保证自己选择的词句是恰当的、是适合当时情境的。语句选择的不当，轻则可能造成理解的误差和障碍，严重的甚至会伤害对方的感情，使谈话无法继续。

3.准确而流畅的言辞表达

其实，说话的本意就在于传情达意，因此，把话说清楚是说话的最基本要求。然而，把话说清楚，就要求我们把自己的意思表达得完整而准确，并且具有连贯性。这个要求看起来很简单，但事实上很多人都做不到，或者难以做好，准确流畅的言辞表达，需要讲究一定的技巧。

再次，语言要有力度。我们经常说的“一气呵成”“行云流水”“入脑入心”就是语言效果的体现。这里，要求我们说话的时候，不可语无伦次、长篇大论。

4.讲话时思维要连贯，不要经常转换话题

通常来说，我们说话都是有一定的主题的，因此，如果没有客观的需要，最好不要经常转换话题。因为人的思维是有一定连贯性的，一件事情重点强调，就会记得深；如果不停地转换主题，大脑因不停地更新内容，就来不及记忆了。

因此，如果你思维不连贯，总转换话题，那么，听的人则更不知要接受什么信息，要如何理解并记住讲话内容，这样的沟通将是完全无效的。可见，人与人之间沟通，懂得如何说话、说些什么话、怎么把话说到对方心坎里，这些都是很重要的。我们在说话的时候，一定要让对方听明白，做到言之有物，否则，你的语言便是无效的！

第十五章

做事的准则：勇敢机智，心思缜密

哲人告诉我们做事的准则是：勇敢机智、心思缜密。在做事的过程中，时而平静如水，时而风云变幻，处处隐藏着危机，一不小心就有可能坏了大事，而机智、缜密可以使我们心态平稳，从而有助于事情的顺利进行。

事情要做到万事俱备只欠东风

孔子曾说：“乱之所生也，则言语以为阶。君不密，则失臣；臣‘不’密，则失身；几‘不’密，则害成；是以缜密而不出也。”有时候，之所以发生混乱，主要是做事不缜密。如果君主的言语不缜密，就会失去有才能的臣子，如果臣子的言语不缜密，就会招祸失掉生命；机密的大事不缜密，否则就会造成灾害，因此，做事一定要缜密。俗话说：“小心驶得万年船。”智慧地处理事情的方法是需要细心，冷静的研究，凡事多想一步，胜算就会多一点。尤其是越是混乱的时候，越需要注意这一点。在做事的时候，需要将一切事情安排妥当，再借机行事，如此才能将事情做好。如果事先未能做好准备，在紧要关头出现了纰漏，那可是“亡羊补牢，为时已晚”。

我们每个人都听过“亡羊补牢”的寓言故事，羊已经被狼叼走了，才想要修补羊圈，这似乎于事无补。在现实生活中，许多人都是在做着“亡羊补牢”的事情。在事情开始之前，考虑不周到，问题出现了，才想到需要补救的措施，而这时候，事情的发展已经不受自己控制了。因此，为了避免“亡羊补牢”这样的蠢事发生，我们做事情的时候就应该缜密一点。

《三国演义》中曹操率领大军驻扎在长江中游的赤壁，企图打败刘备以后，再攻打孙权。刘备采用联吴抗曹之策，与吴军共同抵抗曹操。当时，孙权和刘备兵力薄弱，而曹操兵多将广，处于优势位置。对此，诸葛亮和周瑜商讨破敌良策，两人不谋而合，都主张用火攻一举击败曹操。

可是，当一切准备工作都做好之后，周瑜却发现曹操的船只停在大江的西北，而自己的船只靠南岸。当时正值冬季，只有西北风，如果采用火攻，不但烧不了曹操的大军，反而会烧到自己的头上，只有刮东南风才能对曹军发起火攻。周瑜眼见火攻不能实现，急得病倒在床上。这时，诸葛亮前来探望周瑜，问道："你为何得病？"周瑜不愿说出实情，就说："人有旦夕祸福，怎能保住不得病呢？"

其实，诸葛亮早就猜透了他的心事，就笑着说："天有不测风云，人怎能预料到呢？"周瑜听到诸葛亮话中有话，非常惊讶，就问："有没有治病的良药？"诸葛亮说："我有个药方，保证治好您的病。"说完，就写了16个字，递给周瑜，这16个字就是"欲破曹公，宜用火攻，万事俱备，只欠东风"。

其实，诸葛亮预测到近期肯定会刮几天东南风，他对周瑜说："我有呼风唤雨的法术，借给你三天三夜的东南大风，你看怎样？"周瑜高兴地说："不要说三天三夜，只一夜东南大风，大事便成功了！"

在"火烧赤壁"中，诸葛亮和周瑜不约而同地想到了火攻曹军，并做好了一切准备工作，等待时机的到来。而在这之前，诸葛亮又预测到了近期将有东南风刮过，自然，火烧曹军那是志在必得，而且可谓是"天时地利人和"。在这里，体现了诸葛亮谋事的机智和缜密，大胆采用火攻之策，虽然，火攻能一举歼灭曹军，但是，若是不能借风，那自是枉然。对此，诸葛亮早就料到了将会刮几天的东南风，在如此周详的计划下，火烧赤壁才能达到成功。

1.缜密思考

在日常生活中，做一件事情应该有详细的计划、缜密的思考，如此才能预料到事情发展过程中出现的问题，并及时地想好对策。否则，光凭着冲动与激情，最终只会失败。

2.等待时机

所谓"万事俱备，只欠东风"，做好了一切准备工作之后，你所需要做的就是等待有利的时机。在生活中，有的事情是出乎我们意料之外的，事实上，每一件事情都是有它的变化的，没有一成不变的事情。因此，事情的变化将意味着我们思绪的变化，懂得灵活处理，事前多准备几个预备方案，如果事情一旦有变，也会有好的安排。当然，要想做一件缜密的事情，还必须得有缜密的思维。

学会察言观色

孔子说："不知言，无以知人也。"意思是，不知道分辨别人的言论，就不能了解别人，也就无法领会别人的意图。在现实生活中，我们千万不要把孔子所说的"知言"，仅仅理解为对方说了什么，因为这句话真正的含义是"不要光看说话的内容，还要分析这番话背后的意思"，也就是我们常说的"察言观色"。通常情况下，一个人在说话的时候，伴随着一定的肢体语言、面部表情，不要忽视了这些信息，这恰恰是语言背后所隐藏的内容。不仅要听对方说话，还需要观察其脸色，有的人即使心中不悦，也不会说出来，但会在面部表现出来，而我们如果能仔细观察，了解到这一信息，就应保持说话的分寸，适时沉默，如此，才能赢得对方的好感，从而达到轻松做事的目的。所以，在交际中，我们要保持缜密的心思，学会察言观色，适时保持沉默。

《孟子·离娄篇》说："存乎人者，莫良于眸子。眸子不能掩其恶。胸中正，则眸子了焉；胸中不正，则眸子眊焉。听其言也，观其眸子：人焉廋哉！"意思是说，要想了解对方的心理，没有比观察他的眼睛更准确的了。如果你在说话的时候，对方眼睛四处张望，心不在焉，那证明对方根本不想听你再说下去，那么，你应该适时闭嘴，保持沉默。

公司里，新人小美向上司阿梅请教："梅姐，我有个问题想跟你请教。"阿梅非常不耐烦地说："没看我正忙着呢吗？"小美不放弃："你就看一眼，马上就好了。"这时，阿梅抬起头来，生气地吼道："我说你烦不烦啊？"小美碰了一鼻子灰，失望地走了，心想：她明明在发呆，还说很忙，是不是她看我不顺眼。

后来，小美经过观察，发现阿梅是一个对工作追求完美的人，每当有新任务的时候，她都会焦头烂额。而那次自己去请教的时候，正好领导给阿梅布置了新任务，她正在想着新方案，所以对小美的请教，显得十分不耐烦。

本来，当阿梅显得不耐烦的时候，小美就应该保持分寸，适当沉默，这样，才能赢得上司的喜欢。而不懂得察言观色的她偏偏不知趣，再次请求，这样一来，可惹恼了上司，自然就少不了一顿挨骂了。

1.中国人历来比较含蓄

相比较西方人的直率，中国人比较传统，常常是心中有话说不出来，而是等着对方来猜；就算是他们勉强说出来了，也必定说得含含糊糊，不清不楚。于是乎，我们在判断对方说的是否是真话的时候，不仅需要听他说话，还需要看他的样子，这样，才可以确定他到底想表达的是什么意思。

2.察言观色，洞察其心理

我们可以通过察言观色来洞察他人的心理，有可能是一个细微的动作，有可能是一个眼神，有可能是一个笑容。那些在他脸上、身上表现出来的表情或动作，都在随时地告诉我们他内心究竟在想什么。而我们可以根据对方内心的想法，积极调整自己，适时保持沉默，赢得对方的好感。

第一印象有时会蒙蔽你的双眼

在生活中，当“先入为主”的第一印象一旦形成，就等于给被观察对象，即人和事物贴上了一个标签，这时，我们就难免会形成一种偏见，尚未开始既已固执地下好结论、定好位，第一眼的喜好，通常决定了一个人或一件事的发展方向和心理倾向。因此，这种偏见并不见得完全正确，因为太过于以偏概全，甚至可能是错误的认识，要知道，眼见尚未必是事实，更何况是偏听偏信。而且，在很多时候，第一印象带来的“偏见”往往直接影响到我们正常的判断力，无论是对交友、处世、做事，都有很多不利的地方。而通常情况下，人们对某个人或某种事物产生偏见，往往是由于第一印象的关系。人与人、人与事物在第一次交往中给人留下的印象，在对方的头脑中形成并占据主导地位，这就是所谓的第一印象。大量事实告诉我们，第一印象有时会蒙蔽我们的双眼，它将会成为我们心中偏见的根源。

心理学家认为，第一印象主要是性别、年龄、衣着、姿势、面部表情等“外部特征”。一般而言，一个人的体态、姿势、谈吐、衣着打扮等都是在一定程度上反映出这个人的内在素养和其他个性特征。

一位心理学家曾做过这样一个实验：

他让两个学生都做对30道题中的一半，但是，让一位学生做对的题目尽量出现在前15题，而让另一位学生做对的题目尽量出现在后15道题。然后，让一些被试对两个学生进行评价：两相比较，谁更聪明一些？结果发现，多数被试的人都认为前者更聪明，这就是第一印象带来的欺骗性。

有时候，第一印象将对我们的判断产生很大的影响，甚至会模糊我们的判断。因此，在评价一个人或一件事情的时候，不要以第一印象为准，而是需要周密思考，机智分析，如此，才能得出中肯的结论。

美国总统林肯曾因为相貌偏见拒绝朋友推荐的一位才识过人的阁员，当时，朋友愤怒地责怪林肯以貌取人，说：“任何人都无法为自己的天生脸孔负责。”林肯却回答说：“一个人过了四十岁，就应该为自己的面孔负责。”虽然，我们承认林肯以貌取人有其可取之处，但是，我们不能忽视第一印象对林肯识人产生的巨大影响作用。或许，恰恰因为以貌取人，被第一印象蒙蔽了双眼，他有可能会错失一名有才之士。

《三国演义》中，周瑜在西征的路途中病故，对东吴来说是不啻擎天之柱崩折。三军主将的逝世，留下的位置急需有人填补，但凡稍有眼力的人都能看出这个职位非鲁肃莫属。但是，鲁肃却主动让出兵马大都督的职位，向孙权推荐一个人，这个人就是具有旷世之才的凤雏庞统。在三国时期，庞统的才智与诸葛亮不相上下，不过，其相貌有些丑陋。

后来，孙权初次见庞统，便以貌取人，他见庞统形容古怪便心中不喜，与之对谈又颇有不快，于是，选择不用。鲁肃知道了，随即修书一封，将庞统推荐给了刘备。庞统听取了鲁肃的建议，就去投靠刘备。没想，刘备见庞统相貌丑陋，只敷衍了几句，一直不重用于他。后来，在诸葛亮、鲁肃的极力推荐下，刘备方才再度召见庞统，与之谈论军国大事，发现庞统的非凡才华，大为器重，于是，拜庞统为治中从事，后来，又将其列为与诸葛亮同为军师中郎将。

庞统一直感念刘备的知遇之恩，在进围雒县时，他率众攻城，在落凤坡不幸被流矢所中而亡，时年36岁，英年早逝，刘备当时悲痛万分，追赐庞统为关内侯。

熟悉三国历史的人都应该知道，庞统虽然相貌丑陋，但其才华非常出众。在其求仕的过程中，先后两次因“第一印象”不被孙权、刘备重用，后来，在鲁肃和诸葛亮的极力推荐下，他才得以重用，其真才实学才得以施展。如此看来，第一印象有时真的会蒙蔽我们的双眼，让我们错识人和事。因此，在生活中，要对人对事多做观察，如此才能不被第一印象蒙骗，才能得出中肯客观的结论。

缜密言语，不被他人抓住把柄

在日常交际中，同样是说话，有的人由于词不达意而处处碰壁，有的人却口吐莲花而左右逢源。这是为什么呢？其实这就是言语的缜密性，前者言语不够缜密，经常被他人抓住“把柄”，后者言语谨慎小心，把话说得滴水不漏。在语言沟通中，无论是赞美他人，还是批评他人，我们都应该谨慎使用言语，把话说得滴水不漏，不给对方反驳的机会，不让对方有空子可钻，以缜密言语来影响他人心理。可是，在现实生活中，许多人不经过大脑思考就脱口而出，常常会因为言语中出现的漏洞而被对方反将一军，或者自己自作聪明地认为自己已经掌握了话语主动权，但是，却在无意之间就让对方抓住了“把柄”，最终只能以惨败收场。所以，我们要努力把话说得滴水不漏，不让对方抓住“把柄”。

暑假期间，火车上十分拥挤。一位年轻姑娘中途上车，见两张对面坐席上坐着三个年轻人，而边座正好空着，就走了过去问：“同志，这儿没人吧？”对方回答：“没有。”年轻姑娘于是放下东西，准备就座。不料，一个男青年竟突然把腿突然放到了坐席上。姑娘一愣，问：“你这是为什么？”“因为你不会说话。”那个男青年故意刁难，“那么，请问该怎么说？”姑娘好意请教，对方眯起眼睛装腔作势地说：“看来你是井里的青蛙，没见过多大的天地。让大哥告诉你。你得这样说：‘大哥，这有人吗？小妹我坐这可以吗？’哈哈哈……”说完，肆无忌惮地狂笑起来。姑娘脸上一阵发烧，心里很生气，但转念一想：“不对，有道是兵来将挡，水来土掩。你要滑嘴，我难道没口才不成？”于是姑娘说：“听你这一说，我确实没有见过你们这种独特的‘礼貌’方式。不过，你们既然见过世面，又有自己独特的‘礼貌’方式，见了我，就应按你们的‘礼貌’方式办事才对。”“你说怎么办？”男青年不解地问，“那还不容易？看见我来了，就该起身肃立，躬身致礼，说：‘大姐，这儿没人，小弟请你赏脸，坐这可以吗？’咳，可惜呀，你连自己的‘礼貌’信条都做不到，还想教训别人，真是土里的蚯蚓，一点蓝天都没见过！”

男青年自作聪明地擅自卖弄口舌，没想到一番唇枪舌剑之后，他话语中的把柄却被姑娘抓个正着。最后，姑娘短短几句话，就反击了男青年的“谬论”，语气中透露了讥讽之意。出现这样的结果，就在于男青年没有使用缜密的语言，想到什么就说什么，最终败在自己的言语陷阱里。

一位美国记者在采访周总理的过程中，无意中看到总理桌子上有一支美国产的派克钢笔。那记者便以带有几分讥讽的口吻问道：“请问总理阁下，你们堂堂的中国人，为什么还要用我们美国产的钢笔呢？”周总理听后，风趣地说：“谈起这支钢笔，说来话长，这是一位朝鲜朋友的抗美战利品，作为礼物赠送给我的。我无功受禄，就拒收。朝鲜朋友说，留下做个纪念吧。我觉得有意义，就留下了这支贵国的钢笔。”美国记者一听，顿时哑口无言。

美国记者的本意是想趁此机会挖苦周总理，并且，他很想从周总理的回答中找出“破绽”。但是，面对这样犀利的问题，随机应变的周总理却回答得滴水不漏，“朝鲜战场的战利品”，这样的回答不但没有让记得抓住“把柄”，反而使记者颜面尽失。

1.用好语言“武器”

有时候，沟通就是一场语言的战争，谁先露出了破绽，谁就先输了。因此，在沟通过程中，语言不仅可以为我们传情达意，而且还能够成为自己的防卫“武器”。一旦言语中有了“空子”，就给对方提供了反驳的机会，最后就有可能被对方抓住把柄。所以，为了打赢“语言”这场战役，我们需要谨慎使用一字一句，为自己筑起坚固的心理防卫，不让对方抓到把柄，牢牢把握“胜利”的机会。

2.随机应变

有时候，面对对方咄咄逼人的问题，有可能你会乱了阵脚，于是，那些不该说的就脱口而出。在这样的情况下，对方有可能会从你的话语中抓住把柄，并且伺机通过言语攻击你。因此，在面对别人的提问时，我们要懂得随机应变，把回答的话说得滴水不漏，让对方找不到把柄。

遇事有变，泰然处之

在生活中，面对任何事情，我们都需要多花一点心思，遇到事情有了变化，应保持从容不迫，灵活应付，否则，稍有不慎，就会在小风浪里翻了船。当然，这需要我们具备的是一份机智，一种从容不迫的心态。在做事的准则上，需要保持“泰然之道”，即遇事泰然处之，所谓“船到桥头自然直”。有时候，我们会遇到棘手的事情，这时，大多数人会感到心慌意乱，不知道该怎么办，最后，事情似乎就真的没有转机了。其实，遇事慌乱只会让我们失去平和的心境，以至于你所作出的判断、决策都很不利于事情的发展。相反，若你能保持从容不迫，不慌不忙，镇定自若地处理棘手之事，那么，事情说不定还有转机，它会朝着好的方向慢慢发展。

所谓“山重水复疑无路，柳暗花明又一村”，在生活中，我们难免会遇到挫折与困境，甚至，是毁灭性的打击，但是，在这时，任何紧张、慌乱都是没有用的，于事无补。努力平复心绪，做到随机应变，才能变不利为有利，最后，也才能走出困境。再大的事情，我们也要学会适应，接受这一切。对于我们无法改变的事情，只有欣然接受，保持从容不迫的心态，慢慢去适应，不要为未来的事情担心忧虑，因为没有人会知道未来会发生什么。所以，多学习处事的泰然之道，遇到事情，不要杞人忧天，不要忧郁、不要紧张、不要急躁。

光绪八年，胡雪岩的生意受到了洋行和官场反对势力的两面夹击，似乎已经到了最危急的关头。在官场中，李鸿章与左宗棠一向不和，而胡雪岩则属于左宗棠的门下，要军饷要粮食，只要左宗棠开口，胡雪岩都积极办理。李鸿章早就有铲除左宗棠羽翼的打算，于是，先拿胡雪岩开刀，派人暗中传出谣言，谎称胡雪岩的阜康钱庄内部空虚，信用不足。

由于外商联手对胡雪岩进行排挤，再加上四处散发的谣言，上海阜康钱庄总号出现了挤兑风波。这时，胡雪岩已经陷入了四面楚歌的境地，而恰在这关键时刻，胡雪岩女儿出嫁的吉期在即。按一般人来说，生意已经处于危机中，儿女的婚事不应过分铺张，尽量减少开支。就连胡雪岩身边的朋友也觉得，这场婚事既然已经定下来了，应该按风俗办，至于场面嘛不宜太大，只要女儿不委屈，大家都是可以理解的。

但是，胡雪岩却有自己的想法，他觉得越到这个时刻越不能松懈，否则，一切都前功尽弃了。于是，他像什么事情都没有似的，对家人说：“既然是喜事，该怎么办就怎么办，再难也要将场面捧起来。”如此的泰然之举，平复了家人紧张的心境。以胡雪岩定下的宴请局面，至少需要二十万两银子。一旦无法将场面按计划办得红红火火，别人就会认为胡雪岩资金真的出现紧张，这对维持大局不利。

有了这样的想法，于是，到了女儿办喜事的那一天，胡府张灯结彩，轿马连连，有各式各样的灯牌、彩亭、依仗，而帮忙办事的那些人全部是一色的蓝袍黑褂，挑夫则是蓝绸边红棉袄，场面十分气派。

喜事过后，阜康钱庄依然开门，而胡雪岩在杭州所有的生意都风平浪浪静，钱庄的挤兑风潮似乎被这场平静的喜宴冲淡得一干二净。

面临阜康钱庄的挤兑风波，胡雪岩竟然能静下心来办喜事，这确实是一份难得的从容。所谓“船到桥头自然直”，着急有什么用呢？还是静下心来，该干什么就干什么，这样，反而对事情有帮助。果然，泰然办喜事，胡雪岩在杭州的钱庄与药号都没受到上海挤兑风波的影响。心绪平和，随机应变，变不利为有利，使得他的生意在危机重重的时候支撑了下去。所以，遇事有变，泰然处之，方能变不利为有利。

1.心浮气躁只会坏事

弱者任思绪控制行为，强者让行为控制思绪。在困难面前，许多人容易心浮气躁，进行了多次挑战都无法战胜困难，他们就会变得气急败坏，从而无法冷静地思考。

2.遇事需从容不迫

在任何时候，一个人都需要冷静，需要淡定从容的心境，更需要缜密的思维和那份遇事不慌张的机智，尤其是在困难面前，平和的心态，它能够使人有条不紊、沉着地应对所发生的一切。所以，面对困难，不要气急败坏，只有保持平和，才能让我们转败为胜。

细心行事，三思而后行

在生活中，做任何事情都一样，不能盲目，要三思而后行。在大多数时候，盲目的行为都会酿下苦果，甚至会付出惨重的代价。做任何一件事情，都需要仔细考虑。慎重考虑清楚我们还没有预料到的事情，以防万一，这样我们才能更好地保全自己。在现实生活中，我们经常看到某些人做事风风火火，全凭着一股冲劲，做事从来不动脑子，这样的人虽然加快了做事的速度，但是，他们却常常自己为冲动而埋单。细心行事，说起来很简单，可是在真正做事的时候却有些困难，在很多时候，急于成功和紧张的心理常常使人们无法正确地判断自己的行为。对此，不管是大事小事，凡事应细心为主，缜密思考，三思而后行，如此，事情才有可能会成功。

有一次，曾国藩坐着轿子正要出门，没想，听到帘子外有人叫自己的乳名："宽一！"他连忙叫轿夫停轿，看到来人他又惊又喜："这不是干爹？您老人家怎么到了这里？"说完，赶忙将干爹迎到了家中。

面对远道而来的干爹，曾国藩不住地问家乡的情况，可是，干爹却是满腹委屈，他找了个机会把自己受到的不公平待遇一股脑儿告诉了干儿媳，干儿媳妇安慰他说："不要担心，除非他的官比你干儿子大。"老人家听了，悬着的心放下了一半。

过了几天，夫人特意说起了干爹的事情，她劝曾国藩："你就给干爹写个条子到衡州吧。"曾国藩大声叹气："这怎么行呢？我不是多次给澄弟写信让他们不要干预地方官的公事吗？如今自己倒在几千里外干预了起来，岂不是打自己嘴巴？"夫人说："可干爹是个老实本分的人，你总不能看老实人被欺负，你得为他主持公道啊！"曾国藩思考了片刻，说道："好！让我再想想。"

第二天，曾国藩接到了奉谕升官，顿时，许多达官显贵都来庆贺，曾国藩将干爹迎到了上座，向大家介绍了他。这时，曾国藩拿出了一把折扇，说道："干爹执意要返回家乡，我准备送干爹一份小礼物，列位看得起的话，也请在扇上留下宝墨，以作纪念。"文武官员一听，都争相留名，不一会儿，折扇两面都写满了名字。干爹带着这把折扇回到家乡，知府大人一看，气焰顿失。

虽曾国藩为官一生，活跃于政治舞台上，曾国藩却能成功自保，其主要原因就是他比较善于细心行事，哪怕是一件小事，他也会多想一步，这样一来，给自己留了足够的后路，自然就能保全自己了。

在《三国演义》里，“马谡失街亭”的故事几乎家喻户晓。

当时，诸葛亮亲自率领着大军，向西路扑向祁山，由于魏国毫无防备，守在祁山的蜀军纷纷败退。刚刚即位的魏明帝曹叡立即派张颌带领五万人马赶到祁山去抵抗，并亲自去长安督战。

马谡一直是诸葛亮信任的人，不过，刘备在去世时却看出马谡这个人不太踏实，他特意嘱咐诸葛亮：“马谡这个人言过其实，不能派他干大事，还得好好考察一下。”不过，诸葛亮并没有将这番嘱咐放在心上，这一次，他派马谡当先锋，守街亭。马谡当即带着副将王平来到了街亭，他对王平说：“这一带地形险要，街亭旁边有座山，正好在山上扎营，布置埋伏。”王平提醒说：“丞相临走的时候嘱咐过，要坚守城池，稳扎营垒，在山上扎营太冒险。”马谡却不假思索地拒绝了。

没想到，这一不经思考的决定真的带来了恶果，街亭失守了，马谡虽然侥幸逃脱，但是，他最终难免处罚，诸葛亮自叹“用人不当”，只好挥泪斩马谡。

在这里，无论是诸葛亮还是马谡，都缺少了那么一点细心，最终酿成了大错。在生活中，当我们决定要去做一件事情的时候，需要思考这件事值得不值得去做，如果做了对自己有没有好处，会不会有什么后果。同时，还需要考虑事情的下一步会发生什么，考虑利弊再衡量思路，做出更有利的选择。

牢记对方细节上的好恶，更易赢得好感

有时候，人与人彼此之间肯定会有一些小秘密，诸如某年某月某日，一起去了某地方度过了愉快的一天，另外，还包括对方的生日、对方喜欢的东西、对方喜欢吃的食物，等等。这些都是对方在小事情上的好恶，同时，也是维系

彼此之间的纽带。在人际交往中，我们要充分发挥自己的缜密思维，记住对方在小事情上的好恶，以此来赢得对方的好感。比如，你若记住了对方最爱吃的食物是什么，而恰恰这样的信息又被对方知道了，他定会认为你是个很上道的朋友。反之，如果你连对方喜欢的、讨厌的东西一概不知，那么，对方肯定会感到非常失望。

生活中，每个人都希望自己能在他人心中占据一定的分量，即便是对于一个陌生人也是如此，千万不要认为只是陌生人，就没有必要记住关于他的一些事情。事实恰恰相反，如果你想延续一段较为长久的交往关系，则应该努力记住所有关于对方的小事。事情越小，你记得越清楚，那就足以证明对方在你心中的位置越重要。相反，如果你连最简单的事情都没能记住，那么，对方心里肯定会很受伤，而彼此之间的关系也会逐渐疏远。所以，要想赢得对方的好感，打动对方的心，那就要让对方觉得他在你眼里很重要，而比较恰当的方法就是：努力记住所有对方在小事情上的好恶。

小王的朋友很多，更令人感到奇怪的是，他好像与每个朋友的关系都极为密切。对此，有人好奇地问道："你是如何打动朋友的心？"小王笑呵呵地说："其实，秘诀很简单，我总是努力地去记住关于他们的一些小事，包括他们喜欢的、讨厌的。比如很久前的一天我们一起去餐馆吃了一顿大餐，那是他特别喜欢吃的牛排；去年夏天我们一起旅行了，去了他一直想去的西藏；前年冬天他送了我一件特别的礼物，那是他最喜欢的一本书。可能，我并不知道朋友家里的具体住址，但是，我能记住这些事情，那就表明他在我心里的位置很重要，自然而然地，就打动朋友了，彼此的关系也就更深了。"虽然，小王的话有些匪夷所思，但是，他确是用自己的亲身经历证明了朋友之间相处的真正秘诀。

这天，小王遇到了三年不见的老朋友，一见面，彼此就寒暄，小王脱口而出："好久不见了，老朋友，记得三年前，我们可就是在这座城市分别的，你走的那一天，我准备来送你的，没想等我赶到了机场，你早就走了。这一别，却在三年后的今天才相见了，真是岁月匆匆啊。"那位朋友本来还觉得彼此有些生疏，但一听这话，心里感觉暖洋洋的，话语里也亲近了不少：“你还是这样，记性真好，很多小事情都记得清清楚楚的。”小王有些得意起来：“那当然了，我记得你最喜欢看世界杯了，读书那会，你翘课整整三天，就为了看那世界杯，去年冬天，你还打电话通知我看世界杯呢……”几句话一说，两人顿时找到了当年那种亲密的感觉。

小王通过记住关于朋友的一些小事，以此来拉近朋友之间的距离，同时，让朋友感觉到自己在对方心中其实占据着很重的位置。努力记住所有关于朋友的小事，虽然，这听上去很简单，但是，真正做起来却是一件不容易的事情。毕竟，我们不仅要去记住那些小事，而且是用心记，如果你只是马虎了事，那难免会张冠李戴，朋友听了心中自然会觉得失望，彼此的关系也会疏远了不少。

1.你所记住的事情越小，越有价值

事情越小，才越有价值，当你在朋友惊诧的目光中回忆起那件小事，他一定会忍不住惊叹：“这么小的事情，你还记得，这么多年过去了，我早已经忘记了。”他会这样说，其实也就是心中洋溢着兴奋之情，没有多少人能用心来记住别人的事情，你记住了，那就向对方表明你心中一直挂念着这位朋友，如此，就能顺利打动朋友的心。

2.记好不宜记“坏”

当然，努力记住所有对方在小事情的好恶，并不是指你凡事都需要记下来。比如朋友丢脸的事情，那些就是不宜记住的，如果你记住了，而且，在某些场合还将它当做谈资说出来，那对方脸上可就挂不住了。因此，关于对方的事情，要多记住好事，比如让朋友脸上有光的事情，还有就是朋友在许多小事上的好恶，比如喜欢什么样的颜色，讨厌吃什么食物等。这样，我们才能真正地走进对方心里，从而赢得对方的好感。

第十六章

做事的策略：欲取姑予，以退为进

乔治·奥尼尔说：“任何事物都不是十全十美的，一种变化往往要求退一步，才能再进一步。”所谓“将欲取之必先与之”，我们这里所要说的是做事的方法：以退为进。很多时候，当我们已经无法前进的时候，不妨退而求其次，停下歇息，如此，才能更好地向前迈出一大步。

你没有理睬谣言的时间

有人说，对谣言，最大的蔑视就是不理睬。什么是谣言？谣言是利用各种渠道传播的对公众感兴趣的事物、事件或问题的未经证实的阐述或诠释。根据如此的定义，谣言并没有真假之分，因为那是未经证实的信息。但在现实生活中，有些流言在传播过程中，常常会变样，这主要是因接受者和传播者的记忆错误所导致的情况，而更重要的是有的人在传播谣言的过程中会有意或无意地加上自己的主观色彩。最后，本来只是一件小事，但经过此番的添油加醋，使得小事变成了大事，于是，各种流言、谣言也闻风四起。或者，简单地说，谣言根本是毫无根据性猜测出来的语言，如果你还有些理智，就应该对谣言采取置之不理的态度，因为你没有理睬谣言的时间。

在生活中，人们总是喜欢玩这样一种游戏——传话。这个游戏基本上大家都会玩，当一个人说出一句话的时候，比如“某某今天在酒店吃饭”，然后，经过其他人的传播，保准不出五个人，估计这句话在口水的发酵作用下就会变成“某某与某某在酒店约会”。其实，生活中大部分的谣言都来自这样自觉或不自觉的传话游戏，最终而诞生了谣言。或许，有时候我们也会陷入到谣言的旋涡中，或者成为某件桃色新闻的主人公，这时，我们该怎么办呢？若是据理力争，恐怕你是有嘴说不清；生气愤怒，只会让那些谣言传播者更嚣张；而你一味地伤心难过，反而会耽误自己正在做的正事。无论我们采取什么样的行动，到最后受伤的都是自己，因此，该做什么事情就去做什么事情，不要理睬任何谣言，因为你没有理睬谣言的时间。

与其想办法击破谣言，不如想办法干一些更有说服力的事情，这样，谣言才会不攻自破。

1.谣言止于智者

《荀子·大略》：“流丸止于瓯臾，流言止于智者。”意思是说，没有根据的话，传到有头脑的人那里就不能再流传了，因为其中的语言经不起分析。简单地说，谣言也是有生命的，当它经不起现实分析的时候，它就会自然地消失。因此，作为当事人，不要担心谣言对自己造成的影响，你还是该干什么就干什么，不要理睬谣言，因为你根本就没有那个工夫。

2.走自己的路，让别人说去吧

面对同一件事，不同的人有不同的看法，这是因为人们评价一件事情的标准不一样。有可能你正在做的事情，是不被人们所认可的，这时，谣言就会不可避免地产生。那么，作为自己来说，如果你真的觉得自己干的事情是正确的，值得去做，那就放开了手去做，不要被任何人的意见和观点所束缚。有一句流行语是这样说的“走自己的路，让别人说去吧”，清者自清，用你的实际行动向人们证明你是对的。

使人们自愿去做你想要他们做的事

将自己的意见强加于人固然不对，但如果确实是你的见解更加合理或优秀呢？这时，你需要的是用更加睿智的方式，让别人在接受你的意见的同时，又感受到你对他们的尊重和真诚。一味的硬生生地说教，只会破坏你与他人之间的关系。换个思维方式，如果单单提出建议，让对方通过自己的思考去得出你想说明的答案，不是一个更容易被人接受，也更聪明的方法吗？

没有人喜欢被强迫购买一件物品，我们更喜欢按照自己的意愿去做事，甚至喜欢在任何时候，都能有人来征询我们的愿望和意见，这样才能显现出我们的重要性。

一位汽车销售员通过朋友了解到一对夫妇有购买二手车的想法，就三番五次地来到夫妇的家中，向他们推销自己代理的汽车，从外观讲到性能，从品牌讲到价格，费尽口舌、花样百出，却丝毫没有吸引起这对夫妇的注意。他们总是认为车子有些毛病，这个外观过于老套，那个性能不好，好不容易有几辆看着顺眼的，但价钱太高就回绝了销售员。

销售员为此很苦恼，他始终不知道失败的原因，按常理来说，他能做的已经都做了，可为什么那对夫妇就是不满意呢？一个朋友帮他指点迷津，告诉他："别强迫那种意志不坚定的购车者，要让他主动挑选出一辆适合自己的车，你什么都不用做，只要让他觉得，那是他自己的意思，就够了。"

销售员半信半疑，但想不出什么别的办法的他决定按照朋友说的试试。几天之后，有另一位顾客想把自己的旧车换一辆新车，推销员想到那对夫妇，也许他们会喜欢这旧式的汽车。于是，他给夫妇打了个电话，但并没有直接推销汽车，而是说有个问题想请教一下。

那对夫妇接到电话后很痛快地来到了卖车的地方。销售员说："我知道你对买车已经有很多心得和经验，我想让你帮忙看看这辆老爷车可以值多少钱，你告诉我后，我可以在以后的交易中，有个参考的标准。"

那对夫妇听到这些话后满面笑容，终于有人向他们请教了。丈夫二话不说就钻进了车里，驾车兜了一圈，又围着车子左看右看之后，他说："这车子，如果你能以1万元买进，那你就真是捡到宝了。"

销售员接着问："那如果我以你说的数目买进这台车，再转手卖给你，你要不要？"

1万元，正是那对夫妇的意思，他自己的估价，哪有不要的道理？于是这笔生意当场就成交了，双方各取所需，皆大欢喜。

其实车都是差不多的车子，也许反而之前的选择更多，价格也更合算，但只是因为之前是别人的意思，之后是自己的主意，就改变了买车人和卖车人的地位和事情的结果。这也正说明，想要改变一个人的意见并不是不可能完成的任务，关键在于方式方法，只要方法得当，让别人听取你的意见后反而觉得那是自己得出的结论，这样的改变，接受起来就容易得多。让对方觉得那是他自己的主意，他就会无条件且自愿地去做他认为该做的事，也正是你想让他做的事。

在威尔逊总统执政期间，上校赫斯对内政和外交上都有着很大的影响力。他受到威尔逊总统的重视程度，甚至在内阁成员之上。那么到底是什么原因使赫斯上校能够有如此大的影响力呢？

赫斯说："我认识总统之后，发觉改变他观点的最好方法，不是一次次严肃的内阁会议，而是通过不经意的谈话将观念移植入他的心里，让他感兴趣，进而自己去思考。"

这个发现源于一件令人感到意外的事件。

有一天，赫斯去白宫拜访威尔逊总统，劝说他采取一项政策。但这项政策似乎威尔逊并不十分赞同，只是大概地听了听理由和构想，就匆匆结束了会谈。但在一次与内阁的会议中，威尔逊总统竟然说出了赫斯前几日提出的那项建议，并且说明那是他自己的意思。

赫斯并没有当众打断总统的话，揭发那是他所提出的意见，不是总统的意见。反而在总统结束演说之后，大肆赞赏总统的睿智。因为赫斯在乎的是建议能否被通过的结果，而不是建议是由谁提出的。

从此以后，赫斯掌握了如何将自己的意见转达给总理的秘诀，每次有了什么新的政治构想，总是在谈话间不经意说出，引导总统自己思索，得出他想要的结论。这也让赫斯成为威尔逊总统面前最有影响力的一个人。

由此可见，比起将自己的意见强加于人的愚者来说，借由当事人的口，把自己的想法说出来的智者更值得我们赞颂。因为他们不仅成功地改变了别人的看法，把自己的意见灌输给了其他人，更重要的是，在改变的过程中，他们让其他人感受到了自己得出结论的快乐与满足。这样既达到了自己的目的，又保住了别人的面子，何乐而不为呢？

态度认真，人们都会敬你三分

在现实生活中，做人做事最忌讳的就是半途而废，毫无耐性可言，如此这般，是难以成大器的。做任何一件事情，以绝对认真执着的态度去做，给人们展现自己的忍耐力，如此一来，对一般都会敬你三分。相反，如果你做什么事情都三心二意，常常是凭着三分钟热情的冲劲，这样，你不仅不能做成事，反而会给人们留下不好的印象。所谓“好事贵在多磨，办事贵在坚持”，只要你拿出绝对认真的态度，以及毫不泄气的耐力，一定能办成事。许多人都有这样的经历，在遇到了冷脸或轻视之后，往往会很不耐烦，变得粗鲁无礼，固执己见，让人感觉到难以相处。其实，这样的心态是有害无益的，特别是在做事过程中，俗话说：“心急吃不了热豆腐。”当一个人失去了耐心，他就有可能选择放弃，那么，你之前所做出的努力也无疑付之东流了。因此，对任何事情，我们都需要保持认真执着的态度，以此才能打动对方，从而达到自己的目的。

王娜是公司里一名普通的职工，在无意之间，她发现了一个可以节省产品原料的技巧。为了能将这样的信息反馈给上司，王娜开始三天两头往主任办公室跑，刚开始，主任觉得很奇怪：“你小学还没毕业呢？怎么就有这样重大的发现，公司里那么多技术骨干都没研究出来，我看你那个发现没有任何科学性，还是别说了，我还有其他事情呢。”王娜不灰心，只要看到主任空闲下来了，她就去求助主任查看自己得出的结论，希望对公司有所帮助。这样去了有十多次，主任叹服了，他对王娜说：“我真是服了你，行了，我马上让技术人员分析你所谓的方案，你就等结果吧。”

最后，结果显示，王娜提供的方案没有任何的实际性，不过，从此以后，主任却对这位普通职工格外关注，原因当然是她那份难得的“倔劲”以及认真、执着的工作态度。

在做事过程中，多磨并不需要露锋芒，不要过多地谈论要办的事情，只是不间断地接近对方，使彼此的关系变得亲密，让对方多了解你、同情你，被你的诚心所打动，从而产生帮助你的愿望。这样，我们才能顺势掌控局面，达到做事成功的目的。另外，你还可以想办法与对方家人接近，通过各种方法与他们维持良好的关系，从感情上贴近，这样的“磨”，对方是难以拒绝的，同时，也会被你所打动。

杨润丹是美国杨氏设计公司的总裁，同时，她也是一位资深生活设计师。早年，她毕业于纽约大学的室内设计专业，后来在美国密歇根大学获得硕士学位。作为设计行业的领军人物，她已经从事设计工作三十年了，在工作中，她倡导高品质的生活，并将不同的潮流设计带入到室内外的设计中。与此同时，她所创造的品牌不断发展壮大，得到了越来越多人的支持与认可。

初识杨润丹，发现她是一个优雅恬淡的女子：细柔的言语、恬淡的笑容。但是，随着交谈的深入，很快发现她并不是一个柔弱的女子，在她的骨子里有着一份比男人更强的坚韧、执着。在受传统思想影响的社会，一个女人想要做成事真的很难，她们往往比男人付出更多，却收效甚微。杨润丹说：“我并不想做一个女强人，也不喜欢别人这样称呼我。在中国，大部分的女性都很优秀，而我只是找到了自己想要去坚持和努力的信仰，凭着那份坚韧与执着一步步走下去而已。”

早年，移居美国的杨润丹随着父亲第一次踏上中国，后来，由于设计的工作需要便常常往返于中国与美国之间。随着对中国的熟悉，心有志向的杨润丹决定在中国成立工程公司。刚开始创业的时候，她白天做设计，晚上去工地检查、指导、学习，回忆那段辛苦的日子，她说：“一个女人在中国在北京，我们没有任何背景，没有任何关系，一开始赔很多钱，无数次地想背包回去不来了，在那会儿我还生病，可是我想这么多人跟着你，人家把工作给你，就是相信你，所以，我只能成功，不能后退。”

杨润丹，这就是一个耐心与耐力并行的女子，她心中的那份认真与执着，为其成功奠定了扎实的基础。

若是问到成功的秘诀，杨润丹坦言："耐性是杨氏在中国成功的秘诀。"而那些认真执着的女子，从来不缺乏耐性与耐力。其实，做人与做事有异曲同工之妙，做成一件事情，必然要经历挫折与困难，在这时若是不够认真，若缺乏执着的精神，那么，事情肯定不会成功。做人也是一样的道理，保持内心的认真与执着，耐心与耐力并行，不断修炼自己，这样，你才会成为受人敬仰的人。

1.有耐性、不急躁

实际上，"认真、执着"所指的就是耐心，不急躁，保持平静的心态。如果你在做事的时候，能保持认真、执着的态度，那么，你做事成功的把握就多了几分。在任何时候，急躁会使人偏离正确的判断，容易给人造成不易接近的印象，当你丧失了继续坚持下去的欲望，同时，你也丧失了别人帮助你的机会。

2.好事多磨

在做事的过程中，我们需要表现出足够的耐心与对方"磨"，这样，对方会叹服你的诚心。俗话说："铁棒也能磨成针。"以认真、执着的态度坚持下去，你肯定能将事情做成功。

把话说到心里的艺术

很久以前，当大家都还没有用上电的时候，一群年轻的姑娘晚上在一起加工针线活，所以大家平分点灯的油钱。可是有一个姑娘家里很穷，根本出不起油钱，她想抓紧时间多干点活挣点钱，所以就和大家混在一起。等到大家发现后，刚开始大伙经过讨论，决定让她离开这里。穷姑娘请求大家留下她，说"我因为给不起油钱，每天总是早早地赶到这里来打扫好房间，准备好一切东西，你们来了就可以直接干活了。而我在这里干活的时候，大家不会因为我的到来，而耗费更多油钱，油灯也不会因为要多照顾我一个人而变暗。可见我的到来你们并没有什么损失，相反，我为大家打扫房间，准备东西，你们可以节省更多的时间，这样不是大家都得到好处了吗？为什么就一定要我走呢？”大家听了她的话，想了想，觉得很有道理，最终大家再也没有提过让她离开。

那个年轻的姑娘就是一个会说话的女人，她能够时刻把对方的利益放在首位，然后通过分析，把双方都有好处的道理讲清楚。最终成功地说服她们改变自己的想法达到自己的目的。

话说得中听，在事情发展不利的时候可以扭转乾坤，达到预期的目的；话说得不中听，即便是好的事情也能办砸了。这里的话说得中听与否，是指能否把话说到对方的心里去。

人生在世，没有谁一帆风顺，面对那些麻烦不断的场面，如何能够化解一次次的危机，则需要发挥语言的魅力，把话说到对方的心里去，让对方不由自主地改变自己的想法。要想把话说到对方的心坎上，首先要学会察言观色，必须先弄清楚对方的心里在想些什么。一个聪明的女人，善于利用自己的细心从他人的话语中领悟到对方的真实意图。

俗话说：说话听话音。中国人的普遍特点是含蓄，在讲话的时候，有时不会直接表达出自己的真实意图，会迂回委婉地讲出。聪明的人总会细心领悟与揣摩，听出其中的“弦外之音”。然后根据对方的话外音来改变自己的说话内容。

赵娜到一家公司工作已快两年了，工作上也颇有成绩。最近听说部门主任离职了，据说副主任将成为主任。公司可能会从他们办公室的几个人里选出一个副主任。于是很多人都开始私下活动，对此赵娜也很有意见，可是却没有办法。谁让她这个人平时比较木讷，不喜与人结交太深，她想反正凭自己现在的状况，无论如何是不可能得到重用的。一天，副主任找她谈话：“你到公司已快两年了，工作成绩不错，对于这次的人事调动你有什么看法？”听到副主任这样说，她一时间也不知道怎么回答，不过想到自己没有什么希望，所以就很轻松地说道：“实在不好意思，我虽然来公司两年了，可平时对公司里的其他方面也没太在意，平时只顾着低头干活了，一时也没有什么意见。一直以来，我都认为做好自己的工作最重要。”领导听了她的话，点了点头，让她回去继续工作。可是让她没有想到的是，半个月后，她被提升为副主任。

领导的语言是最具揣摩性的，因此与领导交流的时候，一定要读懂话外音。公司部门主任已经离职了，对于副主任的问话，明显是在试探赵娜。按照正常的程序，应该是副主任能够顶替主任的位置。实际上，副主任害怕如果把其他人提成副主任的话，有一天他人可能会踩在自己的肩膀向上走，对于这样的情况，他决定选择性格耿直的赵娜，然后对她进行试探。赵娜的回答无疑是免除了副主任的后顾之忧。这样一来，赵娜的升职便是顺理成章的事情。

由此可见，如果能够把话说到对方心坎里，看似没有把握的事情，也会出现转机。想要把话说到对方心里去，要学会察言观色，根据对方的心理去说话，会达到以事半功倍的效果。

语言是一门技术，也更是一门艺术。如何能够运用语言打动人心，迅速地解决问题，并不是任何人都可以做到的。一个优秀的人，能够熟练驾驭这门技术，为自己的事业奠定良好的基础。

别急躁，稳住心气

大多数人在做事时都有一种急躁心理，在他们内心里，希望事情能够赶快成功，于是，不自觉地，在其言行中就流露出焦躁的痕迹。其实，在很多时候，我们都忽视了一条做事的绝对真理：切忌急躁。在做事的过程中，一旦你的心境失去了原本的平和，与此同时，你一定会失去掌控局面的机会。有的人在做事时总是慌慌张张，希望事情马上就能着手办理，假如这件事一两天没有什么动静，他就沉不住气了，不断地催促，不断地埋怨，根本忘记了做事的忌讳。结果，你越是急躁，自己越是显得不耐烦，到最后，自己有可能会由于内心的烦躁而影响了整件事情的进展。

春秋战国时期，魏国的国君打算发兵征伐中山国，有人向他推荐一位叫乐羊的人，据说这个人文武双全，一定能攻打下中山国。后来，魏文帝还了解到乐羊曾经拒绝了儿子奉中山国国君之命发出的邀请，同时，乐羊还劝儿子不要继续侍奉荒淫的中山国国君。于是，魏国国君打算重用乐羊，派他带兵去攻打中山国。

乐羊带兵一直攻到中山国的都城，然后就一直按兵不动，只围不攻。几个月过去了，乐羊还是没有攻打中山国，魏国的大臣们顿时议论纷纷，不过，魏国国君并不吱声，依然不断派人去慰劳乐羊。乐羊似乎就稳在那里了，其手下疑惑地问他："你为什么还不动手攻打中山国呢？"乐羊说："保持平和的心境，我之所以只围不打，是为了让中山国的百姓们看出谁是谁非，这样，我们才能真正地收服中山国。"

过了一个月，乐羊发动了攻势，攻下了中山国的都城。魏国国君亲自为乐羊接风洗尘，宴会完了之后，国君送给乐羊一个箱子，让他自己带回家再打开。乐羊回到家打开箱子一看，里面全部是自己在攻打中山国时，大臣诽谤自己的奏章。原来，国君与乐羊一样，都是"按兵不动"，所以，中山国才得以成功地攻打下来。

如果一开始乐羊就心急火燎地攻打中山国，那么，他极有可能会遭遇失败；同样的，面对大臣写下的诽谤奏章，魏国国君如果急躁地惩罚乐羊，那么，中山国不一定能够攻打下来。其实，做事就如同打一场战争，在这场战役中，你会遇到各种各样的情况，只有那些戒骄戒躁、心境平和的人才有能力赢得这场战役。在做事过程中，谁保持了平和的心境，谁就掌控了局面。

在做事的过程中，一个人若是有了浮躁的心绪，他就很难冷静地思考，只是急切地希望事情能够成功，以这样焦躁的心理做事，最后，事情难以成功，往往以失败告终。其实，一个人保持怎样的心境将直接影响到事情最后的效果。所以，在做事的时候，须戒骄戒躁，稳住自己的心气，以平和的心境来掌控局面，这样才能把事做好。

1.切忌心浮气躁

一个人过于急功近利，导致其心绪浮躁，于是，一些没有经过大脑仔细思考的言行就会自觉地显现出来，而这将会影响到整件事情的进行。如果在做事的过程中，你能够克制自己浮躁的情绪，稳住心气，那么，整件事情就已经成功了一大半了。

2.锋芒不宜露

即使自己真的在某些方面有过人的能力，你也要学会收敛锋芒，戒掉焦躁。所谓“欲取姑予，以退为进”，如果你真的想有所成就，就需要放下自己的焦躁，以平和的心境来对待，如此，方能成功。

参考文献

[1] 王阔．做人要有心机 做事要有心计[M]．武汉：武汉出版社，2011.

[2] 马蒙蒙．做人哲学全精通[M]．北京：中国纺织出版社，2011.

[3] 池新鸿．做人有谋略 做事有策略[M]．北京：中国商业出版社，2011.

[4] 隋晓明．做事的手段全集[M]．北京：金城出版社．2011.